현명한 부모는
운동부터
가르친다

서울대 최의창 교수가 말하는
내 아이 리더로 키우는 운동의 힘

현명한 부모는
운동부터
가르친다

최의창 지음

중앙 books
JoongAng Ilbo

"인간은 놀이를 즐기고 있을 때만이
완전한 인간이다."

_프리드리히 실러(시인)

운동하는 아이는 평생 행복하게 산다

― 몸과 마음, 영혼이 건강한 아이

이 책을 집필할 당시 재미있는 해외 기사를 접했다. 지덕체(智德體)를 강조해온 미국의 한 대학에서 학생의 운동량을 학점으로 연결하는 시스템을 도입했다는 기사였다.

미국 오클라호마 주에 있는 오럴로버츠 대학은 설립 당시부터 전인 교육과 학생들의 체력 증진을 위해 체육을 필수 과목으로 선정해왔다고 한다. 이 대학은 웨어러블 헬스케어 업체인 핏빗(Fitbit)과 공동으로 학생 개개인의 운동량을 계측하는 시스템을 도입해 신입생 900명에게 핏빗 착용을 의무화했다. 핏빗을 착용한 학생들의 운동량은 학교의 컴퓨터 서버에 그대로 저장돼 체육 과목 학점을 결정하는 근거로 활용될 계획이라고 한다. 학교 측은 자료가 어느 정도 축적되면 학생들의 운동과 학업 성취도의 상관관계도 살필 수 있게 될 것이라고 했다.

헬스케어 업체의 마케팅 일환일 수도 있겠지만 운동이 아이들의 건강뿐 아니라 공부와 정서에도 도움이 된다고 강조해온 나에게는 긍정적인 방향으로 읽히는 사례였다. 유치원 들어가기 전부터 직장에 들어가기까지 대부분의 시간을 책상 앞에 앉아 지내는 우리 아이들을 생각하면 강제로라도 운동을 시킬 필요가 있다고 늘 생각해왔기 때문이다.

책상에 앉아 있는 아이를 보라. 표정이 밝지 않고 심각하다. 운동을 하며 뛰어노는 아이를 보라. 표정이 밝고 즐겁다. 현대인에게 절대적으로 필요한 신체적 움직임이 있다. 모든 것이 기계화되고 전산화되어 버린 현대의 삶은 움직임을 최소화한다. 그래서 비만이 일상화되고, 척추 병이 다반사가 된다. 움직여야 한다. 그래야 건강해지고 행복해진다.

이 책은 어린 자녀를 둔 부모들을 위한 스포츠 교육 입문서다. 아이들에게 운동이 왜 좋은지, 어떤 좋은 결과를 가져오는지 알려준다. 어떻게 해야 운동을 통해 그와 같은 효과를 얻을 수 있는지 알려준다. 과학적으로 검증된 연구들에 근거한 방법과 효과를 보여준다. 운동을 하면 '지덕체' 전 영역이 어떻게 발달되는지 보여준다.

이 책의 특징은 아이의 전인적 발달(whole child development)을 가정하고 있다는 점이다. 아이는 육체와 정신을 포함하여 여러 차원의 복합체로서 머리만 똑똑하거나, 육체만 튼튼하거나 해서는 부족하다는 뜻이다. 온전한 아이란 몸과 마음과 영혼이 모두 건강해야만 한다. 특히 오늘의 한국을 사는 아이들은 더욱 그러해야만 한다.

나는 이 책에서 운동이 그런 일을 할 수 있으며, 어떻게 그렇게 할 수 있는지 설명하고자 한다. 물론 간단하고 쉬운 일이 아니다. 아이를 전인적으로 온전하게 키울 수 있다고 손쉽게 선전하는 책들이 있다. 그것은 대부분 과대 선전이거나 허위 광고다. 그 일은 역사상 쉬웠던 적이 없고, 간단했던 적은 더더욱 없다. 지금도 여전히 그렇고 앞으로도 그럴 것이다. 아이를 온전하게 키우는 일은 가치 있지만 매우 어려운 일이다.

아이들에게 어떤 운동을 어떻게 시켜야 할지에 대해서는 이미 시중에 많은 책이 나와 있다. 이 책에서는 다소 다른 방향으로 접근하고자 한다. 대학에서 인문학적 체육교육에 대해서 연구하고 있는 나는 아이들을 체성, 지성, 감성, 덕성, 영성이 균형 잡힌 사람으로 키우기 위해서 부모들이 어떤 역할을 할 수 있는지를 중점적으로 다루고자 한다.

물론 아이를 위해 어떤 운동을 어떻게 시켜야 한다는 기본적인 내용을 다루고 있다. 한 걸음 더 나아가 왜 이런 방식으로, 왜 그런 내용을 배워야 하는지에 대한 답을 제공해준다. 물고기를 잡아다 주는 것보다, 물고기를 잡는 방법을 알려주는 것이 낫다고 한다. 그런데 물고기를 왜 잡아야 하는지를 깨닫도록 해주는 것이 보다 근본적이고 중요하다.

책이 이만큼 모양새를 갖춘 것은 오로지 도와준 이들 덕분이다. 학부모들이 궁금해하는 질문들에 관한 기초 정보를 모아준 서울대학교 스포츠교육연구실의 대학원생들이 있다. 공부로 바쁜 와중에 교수님의 집필을 돕는다고 모자라는 시간을 기꺼이 내주었다. 특히 자신의 운동 체험을 꼼꼼히 기억해 내어 본문에 실을 수 있도록 허락해준 서울대학교 운동부 학생들이 있다. 내가 쓴 내용은 그냥 넘어가더라도, 이들이 어떻게 공부와 운동을 잘 조화시키며 학생 시절을 보냈는지 꼭 읽어보시길 바란다.

마지막으로 이 책이 세상에 나올 수 있도록 시작부터 지금까지 조언과 노력을 아끼지 않은 중앙북스 편집부에 감사드린다.

2016년 4월
최의창

Contents

1부

현명한 부모는
운동 습관을 물려준다

현명한 부모는 운동 습관을 물려준다

0교시
체육수업의 기적

아이의 운동 발달에 대해 관심을 보이는 부모가 늘긴 했지만, '운동이 과연 성적 향상에 도움이 될까' 하는 문제에 반신반의하는 이들이 많다.

이에 대해 세계적인 뇌 발달 전문가 존 레이티 하버드 의대 교수는 『운동화 신은 뇌』에서 '운동이 뇌의 기능을 최적의 상태로 만들어주는 가장 좋은 방법'이라고 밝혔다. 그는 운동과 학습이 서로 긴밀한 연관성이 있음을 여러 가지 실험을 통해 검증했는데, 이 책에서 미국 시카고 네이퍼빌 센트럴 고등학교에서 실시한 '0교시 체육 수업'을 소개했다.

1990년대 초에 시작된 이 수업은 본격적인 학습이 시작되기 전인

오전 7시 10분에 학생들의 심장 박동을 최고치의 80~90퍼센트에 이르도록 하는 고강도 운동을 실시했다. 그 결과 0교시 체육 수업에 참여한 학생들은 이 실험에 참여하지 않은 학생들에 비해 읽고 쓰는 능력이 17퍼센트나 향상되었다.

이 학교는 국제학력평가에서도 좋은 결과를 얻었는데, 과학에서는 1등, 수학에서는 6등을 차지했다. 현재 네이퍼빌 센트럴 고등학교는 일리노이 주 학업성취도 평가에서 항상 상위 10퍼센트 안에 든다. 운동이 성적 향상에 도움을 준다는 사실을 증명해낸 대표적인 사례로 일명 '네이퍼빌의 기적'이라고 불린다.

체육활동과 학업 성적의 연관성

이 학교가 높은 성적을 거둔 이유에 대해서는 보다 치밀한 연구가 필요하겠지만, 다른 학교에서는 하지 않는 독특한 체육프로그램을 오랫동안 해온 점을 주목해야 한다. 그동안 높은 학업 성취를 얻었고 동일 학생들을 대상으로 실험연구도 하였으므로 체육활동과 학업 성적 간의 직접적 연관성에 대한 긍정적 추측이 가능하다고 할 수 있다.

물론 운동 자체가 곧바로 수학과 과학 성적을 올려주지는 않는다.

하지만 학습능력이 촉진되도록 신체의 생리적 조건을 형성할 뿐 아니라 기억력, 집중력, 인지력, 의지력 등 공부에 필요한 정신 작용에 긍정적인 영향을 미친다. 운동이 신경전달물질과 신경화학물질의 생산과 흐름을 증진시켜 뇌기능을 향상시키는 것이다.

결론적으로 존 레이티 박사의 연구는 운동이 세 가지 측면에서 아이의 학습능력을 높여준다는 사실을 알려준다. 첫째, 정신적인 환경을 최적화해서 각성도와 집중력을 높여주고 의욕을 고취시킨다. 둘째, 신경세포가 서로 결합하는 데 적합한 환경을 만들어 결합을 촉진함으로써 세포 차원에서 새로운 정보를 받아들일 태세를 갖추게 한다. 셋째, 해마에서 줄기세포가 새로운 신경세포로 발달하는 과정을 촉진한다.[1]

책상 앞에 앉아만 있는 아이, '멍청한 잭' 될 수 있어

10대의 대부분을 하루 종일 책상에 앉아서 교과서에 밑줄 긋고 참고서 문제풀이를 해본 부모세대는 동감할 것이다. 공부만 한다고 공부를 더 잘하게 되는 것은 아님을. 인간의 머리는 무제한적 용량을 지닌 고급 기계가 아니다. 마음과 감정을 담고 있는 제한적이며 복잡한 유기체일 뿐이다. 집중해서 무엇인가를 할 수 있는 시간이 일일 평균 8시간이 되지 않는다. 그래서 우리는 8시간 일하고, 8시간 생활하고, 8시간 잠자는 것이다. 그래야 균형을 이루어 안정된 일상 생활을 할 수 있기 때문이다. 한 방향으로 쉼 없는 질주만 하면 무엇이든 오래할 수 없다.

아이들이 공부를 효율적으로 집중력 있게 하려면 운동은 선택이 아닌 필수다. 몸을 쓰는 일과 머리를 쓰는 일은 생물학적으로나 정신적으로 서로 돕는 관계다. 음양의 조화처럼 운동과 공부는 함께 해야 한다. 현대과학은 그것을 뇌과학이나 심리학 연구로 증명해 보여주고 있다.

"공부만 시키고 놀게 하지 않으면 잭은 멍청이가 된다(All work and no play makes Jack a dull boy)"는 영국 속담이 있다. 아이의 학습을 두고 이보다 더 정확한 말은 없다. 그런데 나는 보다 더 구체적으로 "운동은 하지 않고 공부만 하면 잭은 수재가 못 된다"고 말하고 싶다. 저명한 뇌과학자들이라면 모두가 동의할 것이다. 많은 뇌과학자들이 운동이 뇌발달에 미치는 긍정적인 효과를 과학적인 실험으로 밝혀내고 있다.

아이가 오랫동안 앉아서 무엇을 하거나, 머리 쓰는 일을 장시간 하면 반드시 몸을 쓰는 활동을 해주어야 한다. 특히, 공부를 잘할 수 있는 심신의 상태를 갖추려면 반드시 운동을 병행해야 한다. 아이의 건강과 공부의 효율성 모두를 위해서도 필요하다. 책상 앞에 앉은 내 아이가 영국의 멍청한 잭으로 자라고 있는 건 아닌지 한 번쯤 생각해볼 일이다.

서울대에서 가장 인기 있는
교양과목

저녁 6시. 국내 최대 면적의 실내체육관이 학생들로 가득 찼다. 이른바, M리그(M은 Minor의 약자)에 참석하기 위해 모인 서울대 학생들이다. M리그는 서울대 교양체육 강좌를 수강하는 학생들을 대상으로 한 종합체육대회로 매 학기 말에 개최된다. 남학생 못지않게 여학생들의 참여도도 상당히 높은데, 운동 실력이 뛰어나지 않아도 체육을 좋아하는 학생이라면 누구나 참여할 수 있다. 매 대회마다 500여 명 정도 참석하는 이 대회에서는 배드민턴, 배구, 농구, 테니스, 탁구, 야구 등 인기 종목들을 중심으로, 그야말로 마이너들의 운동 시합이 펼쳐진다.

내가 근무 중인 서울대에서 학생들에게 가장 인기 있는 교양과목은 단연 교양체육이다. 인터넷 수강 신청이 시작되자마자 100여 개 강좌가 모두 2분 내에 마감된다. 교양체육은 개강 첫 수업에 추가 신청을 원하는 학생들의 비율도 제일 많은 과목이다.

2분 내에 수강신청이 마감되는 교양체육

얼핏 보기에 이 현상은 서울대학교 학생들에 대한 세간의 통념과 반대된다. 공부벌레들이 운동을 좋아한다니? 책상물림들이 공차기를 좋아한다니? 그런데 상황은 교양체육 수업에 한정되지 않는다. 서울대에서는 예나 지금이나 스포츠 동아리가 제일 인기 있는 학생 활동 모임이다. 학교에서 지원받는 정식 동아리뿐만 아니라, 단과대학에서 학생들이 자치적으로 운영하는 클럽 형태의 동아리도 그 숫자가 엄청나다. 단적인 예로 야구동아리 35개, 축구동아리 25개가 365일 새벽부터 자정까지 학교 운동장을 꽉 채우고 있다. 도서관이 공부하는 학생들로 꽉 찬 것만큼, 운동장도 땀 흘리며 운동하는 학생들로 북적이는 것이 서울대의 진짜 모습이다.

물론 모든 서울대생들이 운동을 규칙적으로 한다고 말할 수는 없다. 하지만 학생 대부분이 건강이나 자기계발 등을 이유로 운동을 열심히 하려는 성향을 보인다. 특히 동기부여와 목표의식이 뚜렷한 학생일수록 운동을 좋아한다. 잘하는 것까지는 모르겠지만 '엄친아'라고 불리는 아이들의 공통점은 공부도 운동도 좋아한다는 것이다. 그런 학생들은 매사 자신감이 넘치고 사람에 대해 배려심이 넉넉하다.

나는 강의를 마친 저녁시간이면 동료 교수들과 함께 실내체육관에서 배드민턴을 치곤 한다. 화요일과 목요일은 일반 학생들의 자유 운동 시간이어서, 끼리끼리 모여 운동을 즐기는 학생들을 자주 보게 된다. 그런데 바로 옆 농구코트에서 운동하는 동아리 남학생들을 보면 자연대, 공대, 경영대 등 각 전공별로 특히 최고의 엄친아로 불리는 학생들이 꽤 많다. 키 180~190센티미터에 최고 학점의 성적, 아마추어 상급의 농구 실력을 갖췄으며 친구들 사이에서의 친화력도 최고다. 거기에 얼굴 표정들은 왜 그리 밝고 맑은지. 운동이 공부, 인성 등과 따로 떼어 생각할 수 없다는 것을 확인하는 순간이다.

엄친아들이 운동을 좋아하는 이유

그렇다면 서울대 학생들은 공부와 운동의 상관관계에 대해 실제로 어떤 생각들을 가지고 있을까? 여기 공부와 운동을 병행해야 한다는 서울대생들의 생생한 증언이 있다.

······ 공부를 하다가 운동을 하면 기분전환이 되고 스트레스가 풀렸습니다. 특히 고등학교 때에는 태권도, 검도 등을 계속 한 덕에 체력을 유지하면서 공부를 오랫동안 할 수 있었습니다. 아침에 일찍 일어나 운동을 하니 맑은 정신으로 하루를 시작해 규칙적으로 생활할 수 있었고, 집중력도 커졌지요. 친구들과 친목을 다지는 데도 도움이 됐고, 운동 덕에 공부만 하는 지겨운 일상에서 벗어나 활력을 얻기도 했습니다.

공부만 하다 보면 쉽게 지치기 때문에 운동을 해야 장기적으로 공부를 더 잘할 수 있다고 생각합니다. 고3이 되면 책상 앞에 오래 앉아 있어야 하는데, 평소에 운동을 전혀 하지 않은 친구들은 쉽게 지치거나 허리나 다리에 통증이 생겨 힘들어 했어요. 공부를 하다가 잠깐이라도 시간을 내 운동을 해야 더 오래 버틸 수 있어요. 공부 때문에 운동을 멀리하면 오히려 공부가 더 힘들어질 수 있습니다.

(사○○, 1학년, 여, 서어서문학과, 여자축구부)

······ 운동은 공부하는 데 긍정적인 영향을 많이 끼쳤습니다. 특히 고등학교 때 공부 습관을 잡아주는 데 큰 역할을 했습니다. 고등학교에 들어가면서 공부 양이 많아져 책상 앞에 앉아 있는 시간이 늘었는데, 반복적이고 지속적인 행위를 싫어하는 저에게는 힘든 시간이었습니다. 공부로 받는 스트레스를 풀 무언가가 절실했는데, 저에게는 그것이 바로 운동이었습니다. 특히 고3 때는 아침마다 수영을 했습니다. 처음에는 피

곤했지만 나중에는 적응이 되었고 공부에 더 집중할 수 있었습니다.

또, 운동을 통해 성적 슬럼프를 이겨내기도 했습니다. 당시 저는 운동을 할 때 남에게 지는 것을 무척 싫어했습니다. 그런데 남이 저보다 성적이 좋은 것에 대해서는 관대했습니다. 어느 날 성적표에 적힌 등수를 보고 참담한 결과에 무척 놀랐는데, 그때 이런 생각이 들었습니다. '운동할 때는 그렇게 지기 싫어하면서 왜 공부에서는 남이 나보다 잘해도 분하지 않은 걸까?' 그 생각을 한 후 운동할 때처럼 남이 나보다 성적을 잘 받는 것을 용납하지 않게 되었습니다. 그날 이후로 공부에서도 승부욕을 발휘하게 되었습니다.

(류○○, 1학년, 남, 건축공학과, 테니스부)

…… 고등학교 시절에는 공부에만 집중을 하다 보니 운동을 많이 못했습니다. 많이 후회가 됩니다. 초등학교, 중학교 때에는 그와 다르게 운동을 많이 했습니다. 아무래도 그때 당시에는 공부보다 운동이 더 즐거웠고 공부에 대한 압박감이나 스트레스를 운동으로 풀었던 것 같습니다. 제가 고등학교 때 운동을 규칙적으로 했다면 마인드 컨트롤도 잘하고 몸과 마음의 건강을 동시에 챙길 수 있었을 텐데 그러지 못해 많이 힘들었습니다.

(송○○, 1학년, 여, 자유전공학부, 배구부)

…… 운동을 하고 돌아온 후의 제 몸과 머리는 공부하기에 딱 최적화된 상태로 되어 있었습니다. 또, 공부를 모두 끝내고 자기 전에 운동을 하면 그 다음 날 너무나도 상쾌하게 하루를 시작할 수 있었습니다. 공부하다가 쉬는 시간이나 점심시간에 운동을 하고 20분쯤 눈을 붙이면 더욱더 공부가 잘되었습니다. 그런데 고3 시절을 떠올리면 너무나도 아쉽습니다. 그 당시엔 너무나 절박했고 걱정되었기에 책상에만 앉아서 수험생활을 했습니다. 점심시간에는 물론 주말에도, 1주일에 단 1시간도 운동을 하지 않았던 것 같습니다. 시간표에 체육과목도 없어서 일부러라도 운동하는 시간을 계획했어야 했는데 공부만 하느라 그러지 못했습니다. 저의 고3 수험생활이 실패한 가장 큰 원인은 운동시간이 없었던 것, 이것 같습니다.

(최○, 2학년, 남, 체육교육과, 배구부)

물론 운동을 한다고 수재가 되는 것은 아니다. 하지만 공부만 한다고 공부를 잘하게 되는 것은 더욱 아니다. 아니, 공부만 할수록 오히려 공부는 못하게 된다. 서울대생들의 증언이 이를 말해준다.

운동 덕에 공부를 더 잘할 수 있게 되었다는 서울대생들을 보면 한결같은 공통점이 있다. 신체적으로 뛰어난 기량을 갖추지 못했다 하더라도 어린 시절부터 어떤 형태로든 몸을 움직이는 운동에 관심을 가져왔다는 점이다.

우리 아이들은 학교에 입학한 뒤 점차 공부하는 생활 패턴에 적응되어간다. 어릴 때 천방지축으로 놀기만 했더라도 학교라는 곳에서 공부 위주의 집단생활을 하다 보면 어쩔 수 없이 한 자리에 일정 시간 앉아 있는 습관이 몸에 밴다. 그러나 다른 한편 심신도 피폐해져 간다. 타고난 체력과 강인한 정신력을 지닌 소수의 아이들은 잘 견뎌내지만, 대다수의 아이들은 정서적인 고통으로 힘들어한다. 그런데 이런 정서적인 문제들이 의욕과 집중력을 떨어뜨려 효율적인 공부를 막고 결국 성적 저하로 이어진다. 의욕 저하, 성적 저하, 자신감 저하의 악순환에 걸려들고 마는 것이다.

이때 가장 필요한 것이 정서적 환기와 적절한 체력이다. 공부는 정신이 한다지만, 정신은 결국 체력이 받쳐줘야 한다. 학년이 오를수록 체력을 키워야 하는 이유가 여기에 있다. 서울대 엄친아들 중 앉아서 공부만 하는 '좌식 인간'은 찾아볼 수 없다.

운동을 하면
머리가 나빠진다?

　나는 1970년대 초반 초등학교 때 배구와 체조선수를 했다. 학교 대표팀이었지만 요즘처럼 상위 학교 진학이나 프로 데뷔를 목표로 운동을 한 것은 아니었다. 담당 선생님께서 그렇게 운영하지 않으셨고, 일반 동아리보다 조금 더 전문적인 수준으로 아이들을 지도하셨을 뿐이다. 시합에도 몇 번 나가긴 했지만 입상은커녕 순위는 항상 밑바닥이었다. 그러다 중학교에 진학하면서 아버지로부터 운동 금지령이 떨어졌다. 운동이 공부에 방해가 된다는 이유에서였다. 결국 내 선수 생활은 초등학교로 끝났고, 그 뒤로는 운동부에 정식으로 이름을 올리지 못했다.

운동과 학업 성적의 상관관계

운동을 하면 머리가 나빠지고 공부를 못하게 된다는 괴담 수준의 통념은 아직도 여전히 널리 퍼져 있다. 공부만 해도 시간이 빠듯할 텐데 운동을 하니 그만큼 공부의 양과 수준이 떨어진다는 논리다. 시간을 기준으로 삼는다면 맞을지도 모른다. 하지만 효율성과 효과성을 따진다면 그렇지 않다. 관악산의 운동 열기가 그것을 증명한다. 서울대생 가운데 많은 수가 이미 초·중·고등학교 시절 운동경험이 많다. 취미 수준을 넘어 프로급의 기량을 갖춘 아이들도 많고, 동아리 활동을 통해 정기적으로 운동을 하는 아이들도 상당수다.

'운동하면 머리가 나빠진다'는 통념은 잘못된 것이 명백하다. 운동이 지능을 감소시킨다는 말은, 다시 말해 신체활동으로 인해서 뇌기능과 인지능력이 소실된다는 것이다. 그러나 최근 시행된 여러 연구들은 운동과 학업의 관계에 대해 다음의 두 가지 결론을 알려준다. 첫째, 다양한 종류의 운동을 하는 것이 학업 성적을 향상시키는 데에 긍정적 영향을 미친다는 것이다. 둘째, 운동과 학업은 직접적 상관관계가 없다는 것이다. 두 번째 결론은 운동이 학업에 부정적 영향을 야기한다고 말할 수 없음을 보여준다. 적어도 해가 되지 않는다는 말이다.

첫 번째 결론은 보다 적극적이고 긍정적인 관계 규명이다. 즉, 운

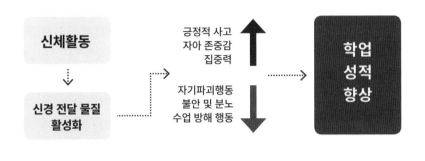

동이 학업 성적을 상승시키는 데 직접적인 역할을 한다는 것을 보여준다. 다양한 메커니즘을 통해서 그러한 효과가 나타남을 알려주고 있다. 어느 정도 명확하게 밝혀진 2가지 경로를 알아보자. 뇌기능 향상과 긍정적 태도 강화가 그것이다(위 그림 참조).

운동 습관이 인지기능을 키워준다

최근 뇌과학 연구들은 신체활동, 즉 운동으로 인해 인지기능이 향상되는 메커니즘을 5가지로 정리하고 있다. 신경세포와 혈관세포를 생성시켜주고, 신경영양인자와 신경성장인자를 증가시켜주며, 신경교 세포 생성을 촉진시킨다. 다소 복잡한 전문용어들로 설명하고 있으나 핵심은 운동이 뇌기능을 향상시켜주는 주요 세포들과 요소들의 숫자를 늘려주고 기능을 높여준다는 것이다.[2]

운동을 통해 분비가 증가된 세로토닌은 뉴런 생성을 촉진시켜 신경세포를 만든다. 또 운동을 하면 학습과 기억, 고차원적 사고의 핵심 역할을 하는 해마 영역에 신경세포 생성을 자극하는 뇌신경영양인자가 증가된다. 뇌신경영양인자는 뉴런의 기능, 발달, 생존을 유도하는 단백질을 분비시키는 영양인자로, 특히 장기기억에 매우 중요한 역할을 한다.

운동을 하는 아이들은 뇌혈류량 증가, 호르몬 수치 증가, 뇌혈류 영양 공급 증가, 각성 수준 증가, 즉 신경계를 자극하고 뇌의 모세혈관을 확장하기 때문에 전반적으로 뇌기능이 향상된다.

운동으로 인한 이런 모든 효과들은 아이가 학교에서 보다 더 오래 앉아 있을 수 있도록 하고, 학습에 필요한 여러 뇌기능을 신장시켜 보다 효율적으로 공부에 임하도록 돕는다. 어떤 연구에서는 신체활동을 통해 길러진 체력과 신경전자회로와의 긍정적인 관계를 규명하는 결과가 나오기도 했다. 즉 신체활동으로 인해 집중력과 기억력이 상승한다는 것이다.[3]

또한 운동을 지속적으로 한 아이들은 자기절제력과 주의집중력이 길러지기 때문에 더 나은 학습 태도를 스스로 유도하게 된다. 결과적으로는 운동이 학업 성적 향상에 긍정적인 영향을 미치는 것이다.

특별히 학업 수행력, 자각기능, 언어능력, 수학능력, 기억력, 학업 준비상태 등에 긍정적인 영향을 주며, 삶의 질을 향상시키기 위한 사고능력과 사고과정에도 도움을 준다.[4]

아이를 전문직 종사자로 키우고 싶다면

"그래도 아이 미래를 생각해야죠. 운동만 하다가 나중에 취직도 못하면요?"

부모들이 아이가 운동하는 것을 꺼리는 가장 큰 이유다. 머리가 나빠지고 공부를 못하게 될까 봐 무섭다는 말 속에는 사실 이런 걱정이 숨어있다. 하지만 외국의 경우 운동선수 출신들이 판사, 변호사, 의사, 교수 등 전문직을 갖는 것이 이미 일반화되어 있다. 성인이 되기까지 오로지 운동만 했던 사람들이 소위 전문직 종사자로 새 삶을 살면서, 오히려 그 분야에서 두각을 나타내는 경우가 허다하다. 국내에서도 운동선수나 감독 중 머리가 좋다는 생각을 할 수밖에 없는 이들이 부지기수다. TV에 출연하는 선수 출신 축구해설가를 보라. 전공을 살려 대학 강단에 서는 선수들은 또 얼마나 많은가. 한 일간지에서는 프랜차이즈업계에 운동선수 출신의 CEO가 많다는 기사가 보도되기도 했다. '운동선수 출신 CEO들은 강한 정신력과 체력으로 위기 상황을 극복하고 조직을 이끄는 통솔력과 카리스마가 뛰어난 편이며, 이들이 프랜차이즈 브랜드를 성공시키는 사례가 점차 많아지고 있다'는 것이다.

운동선수 출신들이 다른 분야에서 두각을 나타낼 수 있는 이유는 운동을 통해 정신력과 체력은 물론, 주어진 과제를 해결하는 문제해결력과 판단력, 승리하기 위한 전략 구사 능력, 협업을 위한 소통능력, 조직 생활에 필요한 사회성과 카리스마 등을 체득했기 때문이다.

운동을 하면 두뇌 발달이 떨어지고 공부에 방해가 된다는 생각은 시대착오적인 발상이다. 운동은 인지능력은 물론, 자아존중감이나 대인친화력 등 정서적 발달에도 긍정적인 영향을 미친다. 아이의 미래를 위해서라도 운동 습관을 길러줘야 하는 이유가 여기에 있다.

운동하는 아이는
행복지수가 높다

　우리 청소년들의 심신상태가 세계에서 유례를 찾아볼 수 없을 만큼 좋지 않다는 것은 이제 더 이상 뉴스거리가 되지 않는다. 체력은 물론 정서적인 면도 바닥까지 내려앉은 지 이미 오래다. 무기력과 의욕 상실은 물론이고, 왕따나 폭력 같은 파괴적 행동 역시 일상화되어 있다. 초·중·고 자녀를 둔 학부모 중 이를 부인하는 사람은 없을 것이다.

행복지수 최저,
학업 스트레스 최고인 한국의 아이들

이미 잘 알려진 사실이지만 OECD 국가 중 한국 청소년의 행복지수는 최저다. 얼마 전에는 아동, 청소년의 학업 스트레스가 최고라는 통계 또한 발표되었다. 우리나라를 비롯한 30개국의 11세, 15세, 17세 아이들의 학업 스트레스를 비교한 결과 우리나라의 학업 스트레스가 50.5퍼센트로 나타났다. 전체 평균은 33.3퍼센트였다. 16.8퍼센트로 최하위를 차지한 네덜란드보다 3배 이상 높았다. 당연히 학교생활에 대한 만족도도 낮았다. '학교를 매우 좋아한다'고 응답한 비율은 30개국 중 26위였으며 학교생활 만족도는 18.5퍼센트로 전체 평균 26.7퍼센트에 한참 못 미친다.

국가 간 비교에서 나타나는 낮은 행복지수와 높은 스트레스 지수는 정서상태가 좋지 않은 아이들이 점차 증가하고 있다는 것을 명확히 보여준다.

많은 아이들이 초등학교에 들어가기 전부터 조기교육과 선행학습으로 인해 심리적인 스트레스를 받는다. 아이가 자랄수록 세상을 향한 호기심과 욕구는 커지는데, 아이가 처한 환경은 오히려 이를 억누르도록 압력을 가한다. 심적으로 고통 받는 아이들 대부분은 말해도 소용없거나, 부모 역시 최선을 다하고 있다는 것을 알기 때문

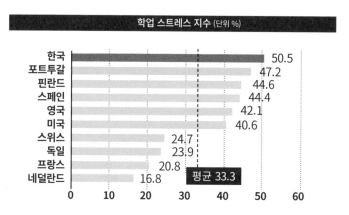

학업 스트레스 지수 (단위 %)

국가	지수
한국	50.5
포르투갈	47.2
핀란드	44.6
스페인	44.4
영국	42.1
미국	40.6
스위스	24.7
독일	23.9
프랑스	20.8
네덜란드	16.8

평균 33.3

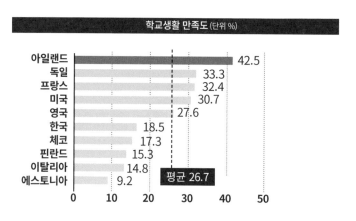

학교생활 만족도 (단위 %)

국가	만족도
아일랜드	42.5
독일	33.3
프랑스	32.4
미국	30.7
영국	27.6
한국	18.5
체코	17.3
핀란드	15.3
이탈리아	14.8
에스토니아	9.2

평균 26.7

에 자기 마음을 제대로 표현하지 못한다. 이런 상태로 입시에 대한 부담감을 본격적으로 받기 시작하면, 심리적 압박이 커질 대로 커져 흡사 압력밥솥 같은 상태에 이르게 된다. 압력 지탱력이 낮은 아이들은 입시를 치르기도 전에 터져 버리고 만다. 무사히 대학에 들어간다고 문제가 다 해결되는 것은 아니다. 평소 정상적으로 감정을 조절하는 법을 익히지 못한 아이들은 성인이 되어서도 부적응, 폭력성 등 이상 행동을 보인다. 신문에 간간이 등장하는 젊은이들의 패륜적인 사건들이 이를 말해준다.

아이들의 억압된 욕구와 감정은 반드시 분출되고 해소되어야 한다. 운동을 하는 아이는 내면의 정서불안과 욕구불만을 그때그때 건강하게 해소할 수 있다. 감정 통제 불능으로 '욱'하며 충동적으로 행동할 확률이 낮아진다.

만성 스트레스를 없애는 최고의 해독제

과열된 엔진을 그대로 두면 결국엔 터지게 마련이다. 열을 식히려면 냉각수가 꼭 필요하다. 냉각수 부족이나 냉각장치 고장은 엔진이 마찰열을 견뎌낼 수 없게 만든다. 시험 성적에만 몰두하면 마찬가지 상황이 발생한다. 학습으로 인해 과열된 두뇌는 쉽사리 멈춰버리게 된다. 스트레스야말로 아이의 뇌를 파괴시키는 주범이다.

운동은 스트레스로 부식되어가는 뇌를 다시 활성화시킨다. 스트레스 때문에 발생하는 코르티솔을 스트레스 호르몬이라고 부른다. 적정량의 코르티솔은 해마에서 글루탐산염, 신경세포 성장인자, 세로토닌, 인슐린 유사성장인자 등의 흐름을 증가시켜 기억력 강화 등에 도움을 준다. 하지만 스트레스를 지나치게 받으면 코르티솔의 혈중 농도가 높아져, 오히려 불안하고 초조한 상태가 되거나 만성피로, 만성두통, 불면증 등이 나타날 수 있다. 또한 면역기능이 약화되어 감기 같은 바이러스성 질환에 쉽게 노출될 우려도 있다.

아이가 운동을 하면 이 과정을 저하시키거나 차단한다. 운동을 규칙적으로 한 아이는 섬유아세포 성장인자와 혈관 내피세포 성장인자가 생성되어 뇌에 새로운 모세혈관이 생겨나고 혈관의 통로가 확장되는 데 좋은 조건을 갖게 된다. 특히 유산소운동을 하게 되면 신경세포 성장인자의 생성량도 늘어나 뇌 발달이 촉진되고, 만성 스트레스로 인한 뇌 손상을 막을 수 있다. 코르티솔의 수위도 조절될 뿐아니라, 뇌의 신경전달물질인 세로토닌, 노르에피네프린, 도파민의 수치도 높아진다.

이러한 조절물질들은 사람의 정서와 감정에 영향을 주는 것으로 알려져 있다. 세로토닌은 기분과 충동, 분노 및 공격성에 영향을 미친다. 항우울제의 원료로도 사용되는데, 지나치게 활동적인 뇌를 진정시켜서 우울증이나 불안증, 강박증에 걸리지 않도록 도움을 준다. 또한 도파민은 집중력을 높여주며, 노르에피네프린은 집중력, 인지력, 의욕, 각성 등에 영향을 준다. 운동은 이러한 전달물질들의 생성을 자극한다.

다양한 신경정신건강 치료제에 활용되는 원료인 이 신경전달물질들은 만성 스트레스가 유발하는 부정적 상태를 사전에 예방한다. 더나아가 스트레스 발생 전의 상태로 복구시킬 수도 있다. 만성적으로 스트레스를 받은 쥐에게 운동을 시키고 나니 오그라들었던 해마가 원래의 크기로 다시 커졌다는 연구 결과도 있다.

아이들에게 운동장이 필요한 진짜 이유

이렇듯 운동은 마음에 쌓인 찌꺼기를 날려버린다. 공부에 대한 중압감, 부모와의 갈등, 교우 관계 등으로부터 비롯한 온갖 스트레스를 털어버리는 데 도움이 된다. 그런데 운동의 효과는 이뿐만이 아니다.

영국심장협회 등의 최근 연구 결과에 따르면 정기적으로 신체활동을 함으로써 유·청소년들은 자신감과 사회성이 높아진다. 자존감이 높아지고 불안감이나 자살충동이 줄어들어 정서적으로 안정적인상태를 유지한다고 한다. 학습장애나 인지장애가 있는 아이들도 신체활동을 하면 자존감이 향상되는 변화를 보였다. 정신적 문제를 신체적인 처방으로 보완할 수 있음이 증명된 것이다.

몸을 움직이지 않아서 생긴 문제는 몸을 움직여서 치료해야 한다. 운동이 만병통치약은 아니지만, '학업 스트레스 최고와 행복지수 최저'라는 중병 상태에 놓인 우리 아이들에게 필요한 처방 중 하나가 운동인 것은 분명하다. 교실과 운동장을 적절히 오가는 교대 활동만으로도 마음의 균형을 유지할 수 있다. 소 잃고 외양간 고치기 전에 시작하자. 아이들에게는 운동장에 나가 마음껏 뛰어놀 수 있게 해주는 것만으로도 최고의 선물이다.

명망 있는 리더들의
특별한 공통점

초등학교 시절 가장 인기 있는 아이가 누구였는지 기억나는가? 여자아이는 몰라도 남자아이들 중에서는 단연 운동 잘하는 아이가 인기가 높다. 특히, 축구나 야구 실력은 인기의 바로미터다. 드리블과 슛을 얼마나 잘하느냐, 공을 얼마나 잘 던지느냐, 달리기가 얼마나 빠른가가 인기의 척도다. 국어나 수학 점수가 아니다. 여자아이들도 운동이 인기의 최고 기준은 아닐지라도, 잘하는 운동이 하나쯤 있으면 주변에 친구가 모인다. 초등학생 시기에 운동은 아이의 자존감을 키우는 데 큰 역할을 한다.

중·고등학교에서는 공부가 좀 더 중요하게 여겨지며, 성적이 보이지 않는 위계를 만들어나가는 데 큰 기준이 된다. 성적에 따라 끼리끼리 모이는 것이다. 하지만 긴밀한 친구 관계에서 운동은 여전히 중요한 요인이다. 공부뿐 아니라 운동도 잘하는 아이는 단연 최고로 인정받는다. 즉 운동은 또래 집단 안에서 아이들 스스로 인정하는 주요 역량 중의 하나로서, 상대와 나의 관계를 결정짓는 주요 변인인 것이다.

세계적인 리더들이 공통적으로 가진 습관

미국 대통령을 지낸 조지 H. W. 부시와 그의 아들 조지 W. 부시는 모두 어려서부터 야구를 좋아했다.[5] 두 사람 모두 리틀 리그 선수로 참여했고, 예일대학에서 학교 대표로 출전했다. 아버지 부시는 예일대학 야구팀 주장을 지냈고, 베이브 루스로부터 상장까지 받았다. 아들 부시는 투수로서 하버드대와의 정기 라이벌전을 치르기도 했으며, 농구와 미식축구도 함께했다. 한때 메이저리그 텍사스 레인저스의 구단주를 지내기도 한 그는, 대통령 시절 정상회담을 할 때 많은 대화가 스포츠를 중심으로 이뤄졌고, 국가 간의 관계 개선에 큰 도움이 되었다고 회상한다. 오바마 대통령은 "나는 일하기 전에 항상 운동을 한다. 늘 잠과 운동 사이에 고민이 있지만, '주 6일 하루 45분 이상 운동'이라는 원칙은 깨지 않는다"고 말했다. 그의 농구 사랑과 조깅 습관은 언급할 필요도 없을 정도로 잘 알려진 사실이다.

이는 비단 남자들만의 이야기가 아니다. 부시 정부 시절 미 국무 장관을 지낸 콘돌리자 라이스는 어렸을 때에 피겨스케이팅을 오랫동안 했다. 콜로라도 주 덴버 시의 아이스링크에서 새벽 5시부터 아침 운동을 했는데, 그 덕에 국무장관 시절은 물론 지금도 새벽 4시 45분에 기상하는 습관을 유지하고 있다. 그녀는 "과거 선수 시절에 시합에 참가하면서 정정당당히 경쟁하고 두려움을 이기고 스스로를 다스리는 능력을 길렀다"고 말했다.

세계 4대 회계법인 언스트 앤 영(Ernst & Young)의 부회장이자 포브스가 선정한 '세계에서 가장 영향력 있는 여성 100인'에 이름을 올린 베스 브룩은 "스포츠는 교실에서는 절대 배울 수 없는 무형의 리더십을 가르쳐 준다"고 했다. 그녀는 학창 시절 농구선수로 활약했다.

2014년 EY프레스는 '여성, 스포츠, 리더십'과 관련한 연구 보고서를 발표했다.[6] 유럽, 미주, 아시아의 400명의 최고경영자(CEO) 급 여성에게 운동이 일에 미치는 영향에 대해 질문한 결과, 74퍼센트가 '운동 경험이 리더십을 키우는 데 도움이 됐다'고 응답했다. 또한 상위 1퍼센트의 여성 글로벌 리더 가운데 어떤 운동도 하지 않은 경우는 단 3퍼센트에 불과했고, 이 중 53퍼센트가 여전히 일하는 틈틈이 스포츠 활동을 즐긴다고 응답했다. 선진국에서는 이미 학교 체육활동이 대학 입시에 반영되고 있다.

리더의 밑거름이 되는 내적 자산

운동으로 인해 체력은 물론 자존감과 리더십이 함양된다는 사실은 여러 연구에서 증명되었다. 운동이 어린이의 정서에 미치는 영향을 연구한 이스라엘 텔아비브대학 연구팀은 최근 과학논문 사이트 유레칼러트에 적절한 운동 프로그램을 경험한 어린이들이 정서적으로 더 많이 성장하는 모습을 보였다고 밝혔다. 텔아비브 지역 25개 학교 649명의 어린이를 두 그룹으로 나누고 24주 동안 운동 프로그램과 비운동 교육프로그램을 각각 제공한 뒤에 그 효과를 파악했다. 운동 프로그램은 주 3회, 5시간 제공했으며, 운동 종목은 축구, 농구, 격투기였다. 24주 후 아이들은 자기 조절, 자기 관찰, 문제 해결, 만족 지연 등 모든 분야에서 일반 수업을 받은 학생들에 비해 높은 성장을 보였다.

만족 지연이란 하고 싶은 일을 조금 참았다가 나중에 할 수 있는 능력을 말하는데, 이것이 부족하면 어린이들이 공격성을 보이기 쉽다. 말로 진행되는 수업은 무엇을 하지 말아야 하는지는 가르칠 수 있지만 공격적인 성향 자체를 완화시키지는 못한다. 반면 운동 프로그램은 어린이들의 공격 성향 자체를 낮출 수 있다는 것이 연구팀의 설명이었다. 연구팀의 케런 샤할 박사는 "아이들이 흥미를 느끼는 운동이 있다면 마음껏 하게 해 주는 것이 정서적인 성장을 이루는 데 도움이 된다"고 조언했다.

특히 10대 청소년들에게 운동으로 인한 정신적 효과는 매우 중요하다. 심리학에서는 신체활동을 통해 신체적 발달자산과 정신적(심리적, 사회적) 발달자산이 개발될 수 있다고 이야기한다. 발달자산이란 성인으로 올바로 성장해 정상적인 삶을 살기 위해 각 발달 단계에서 필요한 내적, 외적 성향이나 자질이다.

운동을 하면 신체적 발달자산인 몸을 지탱해주는 체력과 전반적인 건강상태를 갖출 수 있다. 또한 심리적 자산인 자기 신체에 대한 긍정적 이미지, 행동을 스스로 조절하는 통제력, 위기 상황에서 특히 효과를 발휘하는 판단력과 자존감을 갖출 수 있다. 특히 같은 팀원이나 상대방과의 훈련과 경기를 통해 성실성과 리더십, 책임감과 협동심, 함께하는 공동체 정신 등 사회적 발달자산을 소유하게 된다.

미국 명문대에서는 운동 능력도 스펙이다

팀을 이루어 경쟁하는 축구, 농구, 야구, 배구, 핸드볼 등의 구기 종목은 리더십을 키울 수 있는 훌륭한 학습의 장이다. 5명이나 9명, 혹은 11명이 합심해 상대방을 대적하는 과정에서 주장은 나머지 부원들을 조화롭게 이끌고, 부원은 각자 최선을 다해 자기 포지션을 맡아 제 역할을 해낸다.

이 과정에서 아이들은 서로 간에 단순히 말을 주고받는 차원이 아닌 전인격적 소통을 경험한다. 함께 뛰는 체험이 사람과 사람 간의 깊은 소통을 가능하게 해주는 것이다. 모든 것이 개인화된 현대 사회에서 이렇게 전인격적 소통을 배울 수 있는 기회는 흔치 않다. 아이들끼리 가식 없이 맨몸으로 부딪치면서 바로 그런 교류의 장이 펼쳐진다. 운동을 통해 소통하는 것만으로 리더의 기본 자질인 교감과 소통능력을 키우게 되는 것이다.

럭비 운동을 상징하는 유명한 구호 중에 "하나는 모두를 위하여, 모두는 하나를 위하여!"라는 말이 있다. 리더는 부원을 위하고 부원들은 리더를 위하면서 온전한 하나의 팀이 된다. 바로 리더십을 기르는 과정이다. 공동의 목표를 위해서 손가락 다섯 개가 주먹 하나가 되도록 서로 돕는 것이다.

미국의 경우 명문대에 가려면 운동부 활동 등의 기록이 필수가 된 지 오래다. '학생회장'보다 '운동부 주장'이 더 높게 평가된다. 최근 들어 중국 역시 대학 입시에 체육 활동을 적극 반영하기 시작했다.

한국의 입시생 대부분은 오히려 대학에 가기 위해 하던 운동도 그만둔다. 그뿐인가. 아이들은 입시공화국에서 벗어나자마자 스펙 쌓기에 열중한다. 대학에 입학한 직후부터 토익, 토플은 물론 업무에 필요 없는 자격증까지 따기 위해 밤낮을 소비한다. 그러나 정작 기업에서는 인재가 없다고 하소연을 한다. 내 아이가 인재로 자라기 위해, 나아가 리더로 성장하기 위해 꼭 필요한 것이 무엇인지 다시 한 번 생각해봐야 한다.

부모가 아이에게 물려줘야 할
단 하나의 유산

러시아의 대문호 도스토옙스키는 『카라마조프의 형제들』에서 어린 시절의 즐거운 추억이 많은 아이는 삶이 끝나는 날까지 안전할 거라고 말했다. 행복한 유년기는 일생을 결정할 만큼 값진 자산이라는 말이다. 하지만 안타깝게도 우리 아이들은 행복한 유년기를 보내지 못하고 있다. '호모 루덴스(Homo Ludens : 유희하는 인간)'라는 인간의 본성을 무시당한 채 앉은 자리에서 공부만 하고 있다. 기본적인 욕구가 충족되지 않으니 마음에 병이 생긴다.

아이들은 놀아야 행복하다. 사람은 놀이를 할 수 있는 유일한 동물이다. 놀이를 통해 행복을 만끽할 수 있는 능력을 가졌다. 아이들에게 놀이란 곧 뛰어노는 것, 즉 플레이(play)이다. 스포츠에서는 좀은 의미로 시합, 경기라는 말로 쓰인다.

아이의 마음까지 묶는 좌식 생활

구부정한 자세로 책상에 파묻힐 듯이 앉아서 공부하는 아이의 뒷모습을 보면 가슴이 짠하다. 아빠가 서울대 교수이니 아이들 진로 문제만큼은 수월하지 않느냐고들 하지만, 여느 학부모처럼 가슴 졸이는 건 다르지 않다.

아빠가 대학에서 체육교육을 가르치고 있는데, 부끄럽게도 우리 아이들은 척추측만증과 거북목으로 치료를 받았다. 척추측만증과 거북목은 뾰족한 완치 방법이 없는 청소년기 고질병으로, 앉은 자세에서 오랫동안 책을 보거나 컴퓨터 모니터나 스마트폰을 장시간 들여다볼 때 생긴다. 내가 특히 인문적 체육교육을 통한 전인교육에 관심을 두게 된 것도 어쩌면 우리 아이들 영향 때문인지도 모른다.

성장기 아이들이 이런 병증에 시달리는 건 어쩔 수 없이 같은 자세로 앉아 공부해야 하는 교육환경 탓이다. 좌식 생활로 인해 우리 아이들이 키우는 병은 이뿐이 아니다. 소화불량은 기본이고 만성위염과 두통, 생리통을 달고 산다.

지금 당장은 괜찮아 보일지 몰라도, 이런 증상들은 몸의 성장을 저해할 뿐더러 정서적인 문제마저 불러일으킨다. 평소 몸을 적극적으로 움직이지 않는 아이들은 신체적 건강에만 문제가 생기는 것이 아니라 성격도 내성적으로 변한다. 매사 소심하게 수동적으로 임하게 되며, 이런 성격 탓에 점점 더 신체 활동이 떨어진다. 스트레스를 받아 운동을 적게 하고, 운동하지 않아서 다시 심리적 부작용이 커지는 악순환이 반복되는 것이다.

이런 아이들의 모습을 두고 교육 환경만 탓하며 묵과할 수는 없다. 부모가 나서서 아이가 바르게 성장할 수 있는 길을 마련해 주어야 한다. 자녀가 아직 초등학교에 들어가기 전이거나 초등학교에 다니는 부모라면 먼저 '아이의 몸'에 대한 이해가 필요하다. 내 아이의 몸이 정상적인 발달 과정을 밟고 있는지, 어떤 신체적 활동이 아이 발달에 도움이 되는지, 나아가 내 아이의 기호에 맞는 운동은 무엇인지 끊임없이 관찰해야 한다.

운동 습관을 물려주는 건 부모의 역할

그런 의미에서 부모로서 아이들에게 운동하는 습관을 물려주는 것보다 더 큰 유산은 없다. 운동으로 인해 몸과 마음이 건강해지는 것은 기본이다. 운동의 본질을 가만히 들여다보면 인생의 축소판이라는 생각이 든다. 매일매일 훈련을 통해 자기와의 싸움에서 외롭고 고독한 인내의 시간을 견뎌야 하니 말이다.

함께하는 시합에서는 다른 사람과 부딪히며 서로 이해하고 도와야 한다. 그 과정에서 매순간 나를 다듬고 돌아보는 시간을 체험한다. 최선을 다한 후에 결과에 대해서는 깨끗하게 승복하는 스포츠맨십까지 배우지 않는가. 그 과정에서 이기든지 지든지 현재의 나를 미래의 나로 한 단계 올려주는 좋은 동기를 얻는다. 앞으로 아이들이 살아갈 삶도 운동과 닮은 부분이 참 많다. 운동하는 습관을 통해 삶을 살아가는 방법을 배우는 것이다.

궁극적으로 운동을 잘하는 아이란 뛰어난 기능을 지닌 아이를 칭하지 않는다. 운동을 잘한다는 말은 운동을 다양한 방식으로 누릴 수 있다는 말이다. 몸으로 하는 것만이 아니라 보는 것, 쓰는 것, 말하는 것, 그리는 것 등 운동을 자신에게 맞는 여러 형태와 방법으로 즐길 수 있는 지혜와 능력을 말한다.

알파고와의 대국을 마친 이세돌 9단은 인터뷰 자리에서 "오랜 시간 바둑을 하면서 즐기면서 하는 건지 회의가 들었다. 알파고와의 대국은 정말 즐기면서 바둑을 해서 좋았다"고 말했다.

어떤 일이든 즐기면서 하는 자를 당할 수 없다. 부모는 아이가 어렸을 때부터 무엇을 하든 즐기는 자질을 길러주어야 한다. 운동도 마찬가지다. 꼭 잘하지 않아도, 시합에서 져도 괜찮다고 말해주자.

운동이 삶의 한 부분으로 자리 잡아 기나긴 인생의 여정 속에 작은 즐거움으로 자리 잡을 수 있으면 그것으로 족하다.

운동하는 아이가 행복하다. 내 아이를 온몸을 마음껏 쓰는 아이로 만들자. 호모 루덴스로 키우자. 스포츠를 즐길 줄 아는 아이라면, 한 번뿐인 인생도 분명히 멋지게 살 것이다.

운동하는 습관 들이는 법

아이에게 운동하는 방법을 가르쳐주는 것보다 중요한 것이 있다. 어떻게든 아이가 직접 하도록 돕는 것이다. 반짝 며칠 한 뒤 그만두지 않고 습관이 되도록 말이다. 가장 쉬운 출발점은 동네에 있는 유아체육 전문기관에 등록시키거나, 지역체육센터의 유아스포츠단에 가입시키는 것이다. 하지만 실생활에서 부모와 함께 운동하는 습관을 들이는 게 가장 유익하다.

부모가 긍정적인 신체활동의 모범 보이기[7]

- 부모 스스로 활동적인 생활스타일을 갖는다.
- 가족이 함께 움직이는 시간을 마련한다.
  - ⋯▶ 저녁 식사 후 함께 걷기, 자전거 타기, 집안일 하기 등 신체활동을 가족의 일상으로 만든다.
  - ⋯▶ 공원, 둔치, 학교 체육관 등과 집 주위의 저렴한 비용의 시설 혹은 무료 시설을 애용한다.
  - ⋯▶ 자가용 대신 버스나 지하철을 종종 활용한다.

친구들과 운동하면서 어울리도록 도와주기

- 아이들이 TV를 보거나 비디오 게임을 하는 대신 친구들과 함께 술래잡기, 농구 게임, 자전거 타기 등을 하도록 장려한다.
- 아이들에게 공이나 줄넘기 등과 같이 신체활동을 독려하는 놀

이용품을 준다. 생일파티나 기타 모임에는 그 모임이 신체활동 이벤트가 될 수 있도록 준비한다.

■ 아이들이 스포츠 팀에 가입하거나 새로운 운동을 해보도록 격려한다.

아이들에게 신체활동 권장하기

■ 유·청소년들이 사이클링, 하이킹, 조깅, 수영과 같은 비경쟁적인 활동은 물론, 팀 스포츠나 개인 스포츠에 참여하도록 도와준다.

■ 아이들이 하고 있는 운동을 긍정적으로 대해주고 새로운 운동에 관심을 갖도록 격려한다.

■ 여러 운동이나 행사에 함께 가고 활동적인 성향을 갖도록 돕는다. 신체적으로 활발한 습관이 생기도록 격려한다.

■ 운동을 통해 어떤 감정을 느끼는지, 적극적으로 참여할 때 얼마나 즐거운지 아이들과 이야기를 나눈다.

스크린타임 제한하기

■ 부모 자신과 아이들이 TV, 비디오 게임, 컴퓨터 스크린 앞에서 얼마나 시간을 보내는지 확인하고, 가족 전체의 시간을 줄인다 (미국소아과학회는 만 2세 미만 아이들은 스마트폰을 비롯한 각종 미디어 노출을 금할 것을 권고하며, 2세 이후에도 2시간 이내로 한정할 것을 권고한다).

■ 시청 중 광고시간을 신체활동 시간으로 삼는다. 팔벌려뛰기, 팔굽혀펴기, 윗몸일으키기, 제자리뛰기 등을 한다.

■ 아이들 식사시간, 숙제하는 시간에는 TV를 꺼둔다.

2부

운동하는 아이가 리더로 성장하는 비결

미국 명문대에서 운동을
중시하는 이유
: 전인적 인간으로 거듭나기

　미국에서 명문대에 들어가려면 학교 성적뿐 아니라 비교과 활동
도 신경 써야 한다는 사실은 익히 들어봤을 것이다. 균형(balance)을
중시하는 미국에서는 단순히 공부만 잘하는 인간이 아니라 학교 밖
활동을 통해 균형을 갖춘 인간으로 성장하는 것을 중시한다. 특히
아이비리그 등 최상위권 대학의 경우에는 미 전역에서 SAT, GPA등
의 정량평가 점수가 뛰어난 학생들이 지원하다 보니 비교과 활동이
당락을 가르는 중요한 요소가 된다.

　잘 알려져 있지 않지만 이웃나라 일본은 '학교체육의 천국'이다.
일본에서는 '문무양도(文武兩道)'라는 표현을 쓰며 학생들의 운동을
중시한다. 일본의 초·중·고에는 방과 후 스포츠클럽 활동이 활성화

되어 있는데 이는 한국처럼 엘리트 선수를 위한 것이 아니라 일반 학생 중심으로 운영되고 있다.

학교교육에서 운동에 대한 시각을 "공부할 시간도 없는데 무슨 운동이냐"며 엄연히 정해진 체육수업마저 국·영·수 수업으로 바꾸곤 하는 우리나라 교육과는 근본적으로 다르다.

미국과 일본의 학교교육은 전인교육을 목표로 삼는다. '전인교육(whole person education)'이란 지덕체가 균형 잡힌 인간을 만들어내는 교육을 뜻한다. 어느 한쪽으로 치우침 없이 골고루 발달한 사람으로 키우겠다는 것은 미국이 추구하는 '균형 잡힌' 인재상과 일본이 추구하는 '문무양도'에 공통적으로 드러난다.

전인 교육에 대해 좀 더 자세히 알아보자. 웰니스(wellness)라는 말이 있다. 웰니스란 신체적, 정신적, 사회적으로 건강한 상태를 의미한다. 그런데 여기에서 한 단계 더 나아가면 심신과 영혼까지 조화로운 상태에 이른다. 이를 홀니스(wholeness, 온전)라고 한다. 전인교육은 홀니스가 충만한 사람이 되어가도록 하는 노력이자 과정이다.

홀니스가 충만하다는 건 어떤 모습일까? 몸과 마음이 건강하고 활력이 넘치는 아이(체성), 지혜롭고 판단력이 있는 아이(지성), 자신의 감정을 표현할 줄 알고 정서가 안정된 아이(감성), 따뜻한 성품과 리더십을 가진 아이(덕성), 세상 모든 존재를 존중하고 사랑할 줄 아이(영성). 이 모든 특성을 갖춘 아이라면 본인뿐 아니라 주위 사람까지

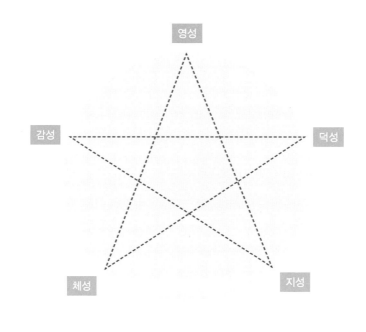

행복하게 만드는 영향력을 가질 것이다. 전인 교육은 이 다섯 가지 특성을 함양시켜나가는 과정이다. 이 과정을 나는 호울링(wholing) 이라고 부른다. 호울링은 체성, 지성, 감성, 덕성, 영성을 발달시켜 아 이를 건강한 상태에서 더욱 완전한 상태, 즉 전인적 인간으로 거듭 나게 하는 것이다.

운동은 성장기 아이들의 오성을 함양시킬 수 있는 가장 훌륭한 수 단이다. 미국 명문대에서 운동을 중시하는 것처럼 영국 최고의 엘리트 교육기관인 이튼칼리지는 체육활동을 강조하는 것으로 정평이 나 있다. 이튼칼리지 학생들은 일주일에 두 번 의무적으로 스포츠 활동에 참여한다. 정식 감독과 코치, 매니저를 두고 웬만한 프로 운동팀에 견주어도 뒤지지 않을 정도의 훈련을 받는다고 한다. 이 학교에서 이렇게 운동을 중시하는 이유는 팀 스포츠를 통해 학생들이 협동심과 리더십, 정당한 승부를 존중할 줄 아는 태도와 도덕심을 익힐 수 있기 때문이라고 한다. 워털루 전투로 유명한 웰링턴 공작은 1881년 모교를 방문해 "나의 용기와 기상은 이튼 운동장에서 갈고 닦은 것임을 믿어 의심치 않는다"고 말했다고 한다.

다음 장부터는 운동을 통해 체성, 지성, 감성, 덕성, 영성을 어떻게 발달시킬 수 있을지 하나씩 알아보도록 하자.

운동을 하면 몸과 마음에
활력이 넘친다
: 체성 발달

1960년대 생인 내가 자랄 때는 유교적 문화가 지금보다 뿌리 깊어 몸보다 마음, 육체보다는 정신을 중시했다. 그러나 몸이 없으면 우린 아무 존재도 아니다. 몸 없이 마음만 따로 '나'가 존재할 수가 없다. 몸 안에 마음과 영혼이 머무르며, '나'라는 존재는 몸을 기반으로 만들어진다.

몸이 있어서 걸을 수도, 말할 수도, 볼 수도, 들을 수도, 먹을 수도 있다. 오성 중 체성을 가장 먼저 설명하는 이유다. 체성은 지성, 감성, 덕성, 영성이 우리 삶 속에서 드러나고 발휘되는 토대와 바탕을 마련해주는 특성이다. 바탕이 튼실하고 토대가 든든해야 견고한 건

축물이 세워질 수 있듯이, 체성이 튼튼해야 나의 존재가 훌륭하게 세워질 수 있다. 우리 아이의 체성을 최고 상태로 만들어주어야만 '홀니스'를 얻는 첫 단추가 잘 끼워질 수 있는 것이다.

체성을 발달시키려면 양질의 조화를 이뤄야

부모들 중에는 체성이 유전적으로 결정되는 것 아니냐고 물어오는 분들이 있다. 아이의 키나 체형, 외모를 부모가 어찌할 수 없지 않느냐는 말이다. 몸의 크기나 형태는 체성의 기초를 이루는 요소이다. 하지만 이것들은 체성의 양적인 차원일 뿐이다.

요즘 부모들은 아이의 키에 관심이 많은데 키가 큰 아이를 체성이 발달한 아이라고 하지는 않는다. 키와 조화를 이루는 체질, 체력을 갖추고 있는지가 더욱 중요하다. 체성이 양질의 조화를 이루어야 한다는 말이다. 어느 한 요소만을 극대화시키거나 그것만을 보완하려고 하면 불균형을 초래할 수 있기 때문이다.

일반적으로 키가 큰 아이들은 민첩성이나 유연성 등 운동체력이 부족한 경우가 많다. 특히 홀쭉하게 키만 큰 아이들은 힘을 쓸 수 있는 근육의 비율이 낮은 경우가 상당수다. 이에 반해 키 작은 아이들은 순발력과 민첩성이 높은 경우가 많다. 체격이 작으면 아무래도 회전 동작이 쉽고, 한 동작에서 다른 동작으로의 전환이 상대적으로 수월하다.

따라서 아이의 체성을 온전히 발달시키려면 외형적으로 드러나는 체성의 측면뿐 아니라 체성의 질적인 측면을 고려해 균형을 유지하는 게 중요하다.

공부는 체력 전쟁이다

외국 유학생들이 이구동성으로 하는 말이 있다. 서양 학생들은 체력이 좋다는 것이다. 1980년대 말~1990년대 초 미국에서 박사 공부를 한 나는 그 말에 절실히 동감한다. 영어가 미숙하다 보니 무슨 공부를 해도 미국 학생들보다 두세 배의 시간을 들여야 하는 나로서는 항상 잠이 모자랐다. 주중에 많이 못 자다가 주말에 재충전을 했지만, 목요일이나 금요일이면 다시 파김치가 되어버리곤 했다. 유학 시절 나는 "공부는 체력 전쟁"이라는 말을 실감할 수 있었다.

신체적인 건강이 뒷받침이 되어야만 집중력과 지속력을 오랫동안 발휘할 수 있다. 공부를 오래할 수 있을 뿐 아니라 효과적으로 할 수 있게 되는 것이다. 오랜 시간 앉아서 공부할 때에는 심폐지구력, 근지구력, 유연성, 근력 등이 복합적으로 작용한다. 이는 사람이 기본적인 신체 건강을 유지하기 위해 꼭 필요한 체력 요소들로, 특히 공부를 본격적으로 해야 하는 학령기 아이들에게 없어서는 안 될 무기이다.

그러나 체력은 10세 이하의 자녀를 둔 부모들에게는 아직 고민의 대상이 아니다. 이때까지는 아이들도 체력이 부족해 문제가 되는 일은 거의 없다. 큰 힘을 발휘해야 하거나 오랫동안 뛰어야만 하는 등의 과도한 신체활동이 필요하지 않고, 기껏해야 정신없이 뛰어노는 수준의 활동이 대부분이기 때문이다. 이런 수준의 활동으로는 잘 자고 푹 쉬는 것만으로도 충분한 회복이 이루어진다. 따라서 또래 아이들 간에 별다른 체력 차이가 보이지 않는다.

10세가 넘어 초등학교 고학년에 들어서면 아이들 간에 체력 차이가 확연히 보인다. 힘이 세거나 약한 아이, 빨리 달릴 수 있거나 그렇지 못한 아이, 오래 달리기를 잘하거나 못하는 아이 등 체성의 개인차가 발생하는 것이다.

체력의 차이가 눈으로 보이기 때문에 부모의 걱정과 조바심이 이 시기부터 조금씩 커지기 시작한다. 또한 2차 성징이 시작되는 시기이므로 아이들은 신체적으로 큰 변화를 경험한다. 이때부터 부모는 아이의 체력 상태를 파악하고 그에 맞는 운동 습관을 길러주어야 한다. 이 시기야말로 아이의 체성을 좋은 방향으로 이끌어가야 하는 지점이라 할 수 있다.

운동에서 가장 중요한 것은 '운동 방법을 아는 것'이 아니라 꾸준히 지속적으로 '운동 습관을 들이는 것'이다. 가정에서 부모가 끊임없이 습관 형성과 환경 조성 노력을 기울여야만 아이들에게 운동하는 습관을 만들어 줄 수 있다.

우리 아이 체력 기르기

체력이 좋은 아이들은 높은 기억력과 뇌효율성을 발휘한다. 또 체력이 좋은 아이들은 해마 부분의 체적(hippocampal volume)과 바닥핵(basal ganglia: 대뇌 속질의 가운데에 있는 신경세포체의 집단)이 더 큰 것으로 보고되었다. 이 두 가지 뇌 구성체는 모두 아이들의 학습능력과 상관관계가 높은 것으로 알려져 있다. 실제로 국내에서도 남녀 초등학생의 체력 요인이 학업성취도와 밀접한 관련이 있음이 보고되고 있다.

체력을 높이는 기본적인 운동 습관

미국 질병관리본부에서는 유·청소년의 적절한 신체활동에 대한 가이드라인을 제공하고 있다. 이 가이드라인을 바탕으로 우리 아이들이 기본적으로 갖춰야 할 운동 습관에 대한 기준을 세울 수 있다.

우선, 매일 최소 60분 동안 활발한 신체활동을 해야 한다. 유산소운동 위주로 하되, 아이가 지루해하지 않도록 한 가지 운동이 아니라 다양한 운동법을 적용하는 것이 좋다. 심장 박동과 호흡횟수를 높일 정도로 몸을 계속해서 움직일 수 있는 운동이라면 무엇이든 좋다.

유산소운동은 강도에 따라 중강도 운동과 고강도 운동으로 나뉘는데, 가능하다면 일주일에 중강도 운동 3일, 고강도 운동 3일을 하는 게 좋다.

중강도 운동은 심장 박동이 평상시보다 약간 빠르게 뛰며 숨쉬기가 평상시보다 약간 어려운 정도의 운동을 말한다. 빨리 걷기, 하이킹, 롤

러블레이드, 스케이트보드, 자전거, 야구, 소프트볼 등이 이에 해당한다. 고강도 운동은 심장 박동이 평상시보다 훨씬 빠르게 뛰며, 숨쉬기 역시 훨씬 어려운 운동을 말한다. 줄넘기를 비롯해, 축구, 아이스하키 등 달리기를 많이 하는 스포츠가 이에 해당한다.

그러나 이런 운동 습관을 하루아침에 잡아줄 수는 없다. 조급하게 마음먹지 말고 아이의 몸 상태에 따라 아이가 흥미를 유지하는 선에서 조금씩 시도하는 것이 좋다.

운동과 함께 올바른 식습관 갖기

아이의 체력을 기르려면 운동 외에 균형 잡힌 식생활이 필요하다.

아이의 몸은 운동만으로 변화시킬 수 있는 것이 아니다. 음식물 섭취 또한 매우 중요한 요인이다. 적절한 운동을 충분히 한다고 하더라도 올바른 식습관이 받쳐주지 않으면 소용이 없다. 인스턴트 음식 섭취를 줄이는 최소한의 노력이라도 당장 시작하는 것이 좋다.

몸의 기능을 저하시키는 음식물을 섭취하고 있다면 반드시 중단해야 한다. 영국은 최근 어린이들의 비만을 줄이기 위해 설탕이 들어간 청량음료에 대해 1리터당 최대 24펜스(약 400원)의 '설탕세(sugar tax)'를 부과하기로 결정했다. 소아 비만과 당뇨 등의 질병을 막기 위한 국가적 차원의 방법이라고 할 수 있다.

아이가 몸에 좋은 음식을 먹어야 몸 안의 내적 기능이 최상의 상태를 유지할 수 있어 운동을 해도 효과가 나타난다. 음식물 섭취는 체격과 체형과 체질에 많은 영향을 미친다. 아이가 어려서부터 건강한 식습관을 갖도록 부모의 세심한 관심과 관리가 필요하다.

운동을 하면
사고력과 판단력이 높아진다
: 지성 발달

　지성은 단순히 머리가 좋다는 의미가 아니다. 지식보다는 지혜, 암기력보다는 판단력이 뛰어난 것을 지성이라고 할 수 있다. 아리스토텔레스는 지혜는 사람들과의 관계 속에서 다양한 상황을 맞닥뜨리고 시행착오를 겪으며 쌓이는 것이라고 했다. 운동은 사람들과 부딪히고 시행착오를 경험하는 실천의 장을 제공한다. 아이들의 지성이 발달할 수 있는 기회를 마련하는 것이다.

　운동으로 얻어지는 지성은 단순히 경기에서 발휘되는 지능을 뜻하는 게 아니다. 경기 중 발휘되는 것은 운동 지능이고 운동장 밖에서 활용할 수 있어야 지성이라고 할 수 있다. 따라서 무작정 운동을 좋아한다고 지성이 길러지는 것은 아니다. 다른 것은 제쳐놓고 운동만 즐기면 지능은 지성으로 발전하지 못한다.

물론 운동을 잘해서 운동 지능이 뛰어나다면 그 자체로도 충분한 가치가 있다. 운동 지능이 뛰어난 아이들은 인기가 좋고 자신감이 넘치기 때문이다. 그러나 부모들은 아이들이 지나치게 운동에만 몰두하는 것을 경계한다. 정작 중요한 학과 공부나 기초소양에 소홀해질 가능성이 크기 때문이다. 많은 남자아이들이 그런 딜레마에 빠진다.

반대의 경우도 생긴다. 운동을 배울 때 운동 지능(기능)을 지나치게 강조하면 아이들이 초기에 운동에 적응하지 못하고 부정적 경험을 하게 된다. 팔다리 동작이 어색하고, 정확도가 높지 않으며, 숙달되기는커녕 자신감을 잃게 된다. 이런 경우에는 스스로 운동에 소질이 없다고 생각하면서 흥미가 급감하고 아예 운동을 그만두기도 한다. 운동 지능의 발달이나 그를 통한 지성의 성숙이 전면적으로 중지되는 경우다. 최악의 사태인 것이다.

운동을 좋아하는 것을 넘어서 학습 동기와 지적 호기심이 자극을 받을 수 있도록 하기 위해서는 어떻게 운동을 해야만 할까? 운동 지능과 운동 지성이 함께 발달될 수 있도록 운동을 체험하는 방법은 무엇일까?

사고력과 판단력을 기르는 단체 활동

시험 성적이 좋으면 사고력이 뛰어난 증거로 생각하지만 이 둘은 등치되는 관계가 아니다. 또한 초등학교 저학년까지의 시험은 사고력을 요하는 수준이 아니다 보니 기억력이 아이들의 성적에 가장 큰 영향을 미친다. 앞서도 얘기했지만 기억력은 지성의 영역이 아니며 사고력이 지성에 해당한다.

운동 중에서도 특히 단체 활동이 사고력과 판단력을 기르는 데 도움이 된다. 축구나 핸드볼, 야구나 소프트볼, 배구 등의 단체경기는 여러 명이 한 팀을 이루면서 상대를 극복해나가는 상황을 마련한다. 상대방의 영역을 침범하거나, 필드를 한 바퀴 돌거나, 네트를 사이에 두고 경기를 벌인다. 각각 상대를 이기기 위해 필요한 전략의 특징들이 서로 다르다. 상대편에 대항하는 것과 동시에 자기편과 한 마음이 되어야만 경기에 승리할 수 있다. 복잡한 전략과 전술을 쓸수록 판단력의 수위가 높아지고, 그에 따라 아이의 사고력은 높아지는 것이다.

운동이 분석력이나 창의력 등 고등 인지능력을 향상시키는 데 어떤 영향을 미치는지에 대한 직접적인 연구는 그리 많지 않다. 유아의 운동 발달에 있어서 복잡한 신체활동 과제를 해결하는 훈련을 반복적이고 체계적으로 받음으로써 인지기능이 향상되는 것이 보고되고 있는 정도다. 학교에서는 인지적 측면의 발달을 의도하는 체육수업모형을 활용하고 있다. 예를 들어 이해중심 게임수업은 아이들이 게임활동의 규칙과 전략을 스스로 파악하는 과정을 통해서 전략적 사고기술을 향상시키도록 한다.

세상을 살다 보면 실생활에서 가장 중요한 사고 능력은 판단력이다. 다시 말하자면, 여러 가지 것들 가운데 무엇이 옳은 것인지, 이 상황에서 어떻게 해야 가장 좋은 결과를 얻을 수 있는지, 어떤 행동이 잘하는 것인지 등등 다양한 근거를 가늠하여 최선의 선택을 한 후, 실질적 행동을 펼치는 지혜를 말한다.

운동을 할 때에도 마찬가지다. 체력이나 운동 지능이 월등한 것은 운동을 잘하기 위한 충분조건이 아니라 필요조건이다.

운동을 잘하는 사람에게는 판단력이 있다. 이 상황에서 이런 기술과 전술을 펼치고, 저 상황에서는 우리 편 누구와 협력을 해야 하는지, 미리 계획도 하고 순식간에 직관적으로 결정하기도 한다. 운동을 잘한다는 개념 안에 이미 남들과 다른 판단력을 지니고 있다는 것이 반영되어 있다. 그리고 이렇듯 운동을 통해 길러진 판단력은 운동장 안에서 뿐만이 아니라 운동장 밖의 여러 위기 상황에서도 큰 힘을 발휘하게 된다.

그런데 여기에서 한 가지 의문이 제기된다. 운동을 잘해야 판단력이 생길까? 아니면 판단력이 생겨야 운동을 잘할까? 정답은 둘 다이다. 지속적이고 반복적으로 올바른 판단을 내리는 과정을 통해 운동을 잘하게 되고, 운동을 잘하려고 하는 반성적 실천 속에 판단력이 더욱 커진다. 다시 말해 운동 능력과 판단력은 서로 상생하는 관계에 있다고 할 수 있다.

판단력은 단순히 운동을 기계적으로 많이 한다고 생기는 것이 아닌 최고의 고등 사고능력이다. 우리가 최고의 선수나 명감독이라고 부르는 이들은 이러한 판단력의 대가라고 할 수 있다. 또한 운동이 아닌 다른 분야에서 두각을 나타내는 선수 출신의 CEO나 전문직 종사자들도 궁극적으로는 운동을 하면서 판단력을 습득한 사람들이라 할 수 있다.

팀 스포츠는 실천적 지혜를 쌓는 과정

운동은 실천적 지혜를 기르는 데 최고의 기회를 제공해준다. 운동은 그것이 환경이든, 인간이든, 동물이든, 자기 자신이든 상대를 대면하여 극복하는 활동이다. 끊임없이 문제와 맞닥뜨리고, 파악하고, 분석하고, 해결하는 과정의 연속이다. 실천 속에서 이루어지는 반성의 과정, 현실적 문제를 해결하기 위한 숙고와 성찰의 과정은 사람의 내면을 깊게 한다.

그런 의미에서 판단력이란 실천적 지혜의 또다른 이름이라고 할 수 있다. 낮은 난이도에서 시작하여 높은 난이도의 문제들과 맞닥뜨리며 온몸과 마음으로 해결해나가는 과정에서 가장 올바르고 정확한 판단력을 키울 수 있게 되는 것이다.

운동을 통해 길러진 판단력이 운동장 밖의 세상에서도 효과를 발휘하듯, 운동을 통해 길러진 사고력 역시 운동 아닌 다른 문제에 맞닥뜨렸을 때 진가를 발휘한다.

지도자의 지도철학도 중요

복잡한 전략과 전술을 활용하고 다양한 문제 상황을 해결해야 하는 스포츠가 필요할 것이다. 다만 유아기나 유·소년기에 발달 단계적으로 준비가 되어 있지 않은 상태에서 너무 높은 수준의 게임을 준비시키는 훈련은 삼가야 한다. 많은 아이들이 운동을 그만두는 이유가 바로 과도한 훈련이기 때문이다. 신체적 부상은 물론, 정서적으로도 상처가 남아 이후의 운동 참여에 영향을 미친다.

가장 효과적인 방법은 유아체육 전문가의 자문을 얻어, 아이의 심신 발달 상태에 맞는 운동프로그램을 제공하는 곳에서 시작하는 것이다.

아이가 조금 더 커서 학령기가 되면 학교에서 제공하는 다양한 스포츠클럽에서 좋아하는 활동을 시작하도록 한다. 여유가 있다면 동네의 체육관, 헬스센터, 수영장, 태권도장 등에 등록하여 배우는 것도 좋다. 유명 선수나 감독들의 이름을 내건, 야구교실과 축구교실도 있다. 다만, 이때 주의할 것은 지도하는 코치나 강사의 지도철학이 명료해야 한다는 점이다.

검은 띠 몇 단이나 우승 횟수 몇 회도 중요하지만, 아이들을 가르치는 목적과 이유, 그리고 그 방법에 대한 교육적 의견이 더욱 중요하다. 아이들의 지성을 성숙시키려면, 가장 중요하게 생각해야 할 것이 지도자의 철학이다. 올바른 지도철학을 지니지 않고 가르친다면, 기능만을 전수할 가능성이 매우 높다. 시합에서 이기는 것만이 가장 재미있고 추구해야 할 가치라는 기능주의, 승리 지상주의 사고를 갖도록 조장할 수 있다. 지도자가 바람직한 철학이 없으면 아이에게 올바른 판단력을 키워줄 수 없다.

시기별로 공부를 돕는 **운동 방법**

운동과 공부를 잘 조화시키는 능력이야말로 우리 아이들이 꼭 갖추고 있어야만 하는 생활기술이자 생존기술이다. 어떻게 하면 학년이 올라갈수록 공부와 운동을 잘 조화시키는 역량을 키울 수 있을까?

초등학생

아이의 기질과 성향에 맞는 운동이 무엇인지 찾는 게 중요하다. 그러려면 아이가 다양한 신체활동을 즐겁게 경험하도록 해야 한다. 초등학생 때 자신과 맞는 운동을 찾으면 중·고등학생 때 학업에 대한 스트레스를 운동으로 풀 수가 있다.

아이가 학교 수업시간에 집중하는 습관을 갖도록 하고, 방과 후에는 태권도나 수영 등 아이가 원하는 스포츠 활동을 선택해서 하도록 한다. 매일하는 것이 어려우면 주 2~3회라도 꾸준히 할 수 있게 부모가 도와준다. 평일이 힘들면 주말을 활용하는 것도 좋은 방법이다.

중학생

공부 계획을 짤 때 운동시간을 고려해서 계획을 세운다. 공부하는 시간과 운동하는 시간을 구분하여 효율적으로 관리하는 생활이 몸에 배게 하는 것이다. 시간표는 아이 스스로 세우는 게 좋다. 학교 체육시간에 어떤 수업이 이루어지는지, 아이가 적극적으로 참여하는지 대화를 나눠보도록 한다.

남자아이들의 경우에는 방과 후 친구들과 매일 한 시간씩 축구나 농구를 하는 방법도 추천한다. 부모는 아이가 친구들과 어울려 운동하는 시간을 걱정하지 말고, 사춘기에 가장 건강한 취미를 가진 것에 오히려 감사해야 한다.

고등학생

하루 일과에 지장이 없는 아침 6시, 야간자율학습이 끝난 후 30분 등 매일 구체적인 시간을 정해서 체조와 줄넘기와 같은 간단한 운동을 한다. 초등학교나 중학교 때부터 꾸준히 해오던 운동을 하면 훨씬 좋다. 몸을 움직이면 스트레스가 줄어들고 머리도 맑아진다. 특히 시험기간이 다가오면 하던 운동도 그만두는 아이들이 많지만, 평소보다 시간을 줄이더라도 신체활동을 하기를 권한다.

운동을 하면
긍정적이고 적극적으로 자란다
: 감성 발달

아이들의 정서가 잘 조절될수록 성장에 긍정적 영향을 미친다. 정서 지능, 즉 EQ(emotional intelligence)가 높을수록 실패와 어려움을 받아들이는 데 유연하고 긍정적이라는 연구 결과들이 있다. 적극적이고 낙관적인 태도를 가진 사람일수록 성공 가능성이 높다. 또한 문제에 당면하고 어려움을 대면하고 실패를 극복하는 데 있어 비관주의자보다는 낙관주의자가 월등한 성과를 보인다.

EQ가 높은 아이들은 자신감이 높고 신념이 확고하며, 난관에 부딪혔을 때 긍정적이고 적극적이며, 자기주도적으로 성실하게 모든 상황에 임하는 특징을 지닌다. 희로애락 등 일상적 감정의 기복이 크지 않고 짧은 시간 내에 안정을 되찾을 수 있다. 자신과 타인에게 주어진 상황을 실제보다 훨씬 더 나쁜 것으로도, 훨씬 더 좋은 것으로도 파악하지 않는다. 사태에 알맞은 수준과 방향의 정서 반응을 보여준다.

운동이 정서에 미치는 긍정적 효과

운동이 아이들의 정서에 긍정적인 영향을 미친다는 것은 실험을 통해서도 증명되었다. 초등학교 5학년 학생들을 대상으로 댄스 스포츠를 가르친 뒤에 정서적 변화를 측정해보았다. 실험군과 대조군을 대상으로 운동정서척도(Exercise Feeling Index)를 활용하여 긍정적 성취, 원기회복, 신체적 피로감, 평온감 등을 측정하였다. 그 결과 실험군에서 정서와 관련된 모든 항목이 현격히 증가한 반면, 대조군에서는 유의미한 차이가 거의 없었다.

스포츠는 정서를 긍정적 방향으로 이끈다. 직장에서의 인간관계나 성과 압박 등의 스트레스를 경기장이나 집에서 비파괴적으로 발산하도록 한다. 물론 스포츠는 경쟁이다. 승부를 다투기 때문에 기쁨과 슬픔이 공존한다. 어떻게 이기고 어떻게 지는가에 따라 또 다른 감정이 만들어진다. 즉, 경기에 참여함으로써 다양한 감정과 정서를 경험하게 되는 것이다.

아이들의 경우 대부분 운동을 통해 즐거운 기분 상태를 경험한다. 운동심리학과 스포츠심리학 연구에 따르면, 규칙적이고 지속적으로 행해지는 운동, 그리고 단기적으로 행해지는 운동조차도 자긍심과 활력 같은 긍정적 정서를 증가시킨다. 또한 불안, 우울, 분노, 긴장과 같은 부정적 정서가 감소되는 것으로 보고되고 있다. 특히 긍정적 정서는 재미와 즐거움을 안겨주어 스포츠 참여 동기를 높이는 중요한 요인이다.

최근 미국 메릴랜드대학교 카슨 스미스 보건대학 교수는 운동은 불안을 감소시켜줄 뿐만 아니라, 정서적 문제에 당면했을 때 낮은 불안 상태를 더 잘 유지시켜 문제를 잘 해결하도록 돕는다고 말했다.[8]

그는 건강한 일군의 대학생들을 대상으로 30분간의 중강도 사이클링 운동과 조용한 휴식활동이 불안 수준에 어떤 영향을 미치는지 알아보았다. 운동과 휴식 활동을 각각 한 다음 매우 즐거운 사진, 불쾌한 사진, 중립적 사진을 여러 장 보여준 뒤에 불안 상태를 측정하였다. 각 상태마다 '상태 불안-특성 불안' 질문지에 적힌 20개씩의 질문에 답하도록 하였다.

처음에는 운동과 휴식이 불안 감소에 동일하게 효과적인 것으로 드러났다. 하지만 약 20분 동안 90장의 사진을 관찰해서 정서적으로 자극을 받고 난 이후에는 운동을 하지 않고 휴식활동을 한 그룹의 불안 수준은 처음 상태로 곧바로 다시 상승되었다. 반면에 운동을 한 그룹의 불안 수준은 감소된 수준을 그대로 유지하였다.

카슨 스미스 교수는 이런 결과를 바탕으로 "운동이 우리 일상생활의 불안과 스트레스 요인들에 대해서 보다 더 적절히 대처할 수 있도록 하는 중요한 요소가 될 수 있다"고 말했다.

표현스포츠로 미적 감성 기르기

어떤 일을 수행했을 때, 그것을 성취하느냐 실패하느냐에 따라 생겨나는 정서가 있다. 기쁨, 슬픔, 분노, 아쉬움 등이다. 이러한 감정들은 일을 잘하는가 못하는가와 주로 관련이 있다. 다른 한편으로는 심미적 정서가 있다. 아름다움과 추함과 연관해서 가지게 되는 감정들이다. 음악이나 미술, 오페라나 영화 등을 볼 때, 그리고 자연이나 인간의 창조물을 바라볼 때 생겨나는 정서들이다. 아름답다, 추하다, 멋있다, 감동적이다 등등 미적인 대상을 대할 때 갖게 되는 정서들로, 감상이나 감성이라고 불린다.

피겨스케이팅, 리듬체조, 싱크로나이즈드 스위밍, 그리고 다이빙 같은 스포츠는 창의적 표현력과 심미적 기예가 모두 중요하다. 이 운동들은 예술적 표현이 판정의 한 부분으로 수행자의 감정과 정서를 기술에 담아내야만 한다. 통상적인 대결 스포츠에 대비하여 예술적 표현이 중요하기 때문에 표현스포츠라고도 한다. 수행자는 물론이고, 관람하는 사람에게도 심미적 감정을 불러일으킨다. 마치 무용이나 연극을 보는 것과 같은 깊은 감정적 소용돌이가 일어난다.

이러한 표현스포츠는 수행기술과 감성 표현을 동시에 발휘함으로써 창의성의 발달에도 많은 도움을 준다. 기존에 표현되지 않은 동작과 기술을 찾아 연마하고, 극도의 경쟁 상황 속에서 실수 없이 수행해내는 과정은 철저한 평정심을 통해서만 가능하다. 기술을 펼치는 찰나의 과정 속에서 미묘한 감각과 파워를 변화시킨다. 그 순간 최적의 수행을 위하여 가장 창의적인 해결방안을 찾아서 실행해내는 것이다. 하버드대학 교육심리학자인 하워드 가드너는 이러한 지능을 운동감각적 지각 즉, 신체운동지능이라고 불렀다. 이 지능은 오로지 긴장과 불안을 제거하고 평온한 마음을 유지하는 상황에서만 효과적으로 발현된다. 표현스포츠는 이러한 평정심을 발휘하도록 돕는다.

표현스포츠는 경쟁적 대결보다는 사교적 협동의 상황을 더욱 선호하는 여자아이들에게 적합한 운동이다. 일반적으로 여자아이들의 경쟁은 남자아이보다 덜 격렬하다. 똑같은 대결을 펼치더라도, 여자아이들은 규칙 위반이나 몸싸움, 언어적 폭력이 심하지 않고 스포츠맨십을 잘 발휘한다. 이러한 성향 때문에 표현스포츠에서는 심미적 감성이 풍부한 여성이 더욱 돋보인다.

　예술의 영역이지만 무용도 감성에 직접적이고 강력한 영향을 미치는 신체활동이라고 할 수 있다. 최근에는 댄스스포츠와 같은 장르의 개발로 무용에 스포츠적인 경쟁 요소가 덧붙여지기도 했고, 발레는 여자아이들에게 대중화되어가고 있다. 무용은 유아나 저학년의 경우에는 여자아이들은 물론 남자아이들의 신체적·정서적 발달에도 큰 도움이 된다.

하워드 가드너 박사가 말하는
신체 운동 지능

미국의 대표적인 교육심리학자 하워드 가드너 박사는 모든 사람에게 는 각각 8가지의 지능이 있으며, 각 지능은 사람에 따라 발현되는 정도 가 다르다는 '다중지능이론'을 정립했다. 그 가운데 하나인 신체 운동 지능은 인간의 몸 전체 혹은 손처럼 신체 일부를 사용해 문제를 해결하 거나 무엇을 만들어내는 능력이다. 신체 운동 지능은 몸의 움직임을 조 절하는 능력과 사물을 기술적으로 다루는 능력, 몸으로 표현하고 창조 하는 능력으로 나뉜다. 예를 들면 무용은 신체로 정서를 표현하는 것이 고, 발명은 새로운 결과물을 만들어내는 것이다. 인간이 지닌 여러 지능 가운데 매우 중요한 능력으로 공간 지능과도 관련이 있다.

▶ 하워드 가드너 박사의 다중지능이론

신체 운동 지능의 하위 영역

- 운동 : 운동할 때 필요한 요소(힘, 리듬, 속도)들을 활용해 균형감
  있게 적용할 수 있는 능력
- 신체 작업 : 도구를 적절히 활용할 수 있는 능력
- 신체 예술 : 다양한 신체 동작을 은유적으로 표현할 수 있는 능력

아이의 신체 운동 지능을 높이는 방법

- 연극이나 동작 등 몸을 움직이는 활동
- 조립하기, 손가락을 움직이는 놀이 등의 활동
- 스트레칭, 요가, 줄넘기, 걷기, 춤추기
- 팬터마임, 말하지 않고 의사소통하기, 수화 배우기

아이의 신체 운동 지능을 확인하는 방법

- 운동을 좋아한다.
- 문제해결 시 몸을 사용한다.
- 소근육이나 대근육의 사용을 잘한다.
- 몸으로 흉내를 잘 낸다.
- 작은 물건을 잘 집는다.
- 젓가락질을 잘한다.
- 무거운 물건을 잘 든다.

운동을 하면 리더십이 향상된다
: 덕성 발달

리더십은 다양한 덕목들이 복합적으로 작용하여 만들어내는 한 사람의 전인적 성향이자 역량으로, 항상 솔선수범하며 무리를 이끌어가는 자질을 말한다. 단순히 많은 사람 앞에 나서서 주목받기를 좋아하는 것과는 근본적으로 다르다. 리더십이 뛰어난 사람은 자신이 속한 그룹, 사회를 위해서 무엇인가 긍정적 도움이 되기를 스스로 원하며, 어렵고 힘든 임무를 자진해서 맡아 자신의 책무를 다하려는 태도를 보인다.

모든 스포츠는 단체활동이다. 축구, 농구 같은 종목만 단체활동이 아니라 수영이나 육상 같은 개인운동도 단체활동에 속한다. 학교나 지역별로 팀을 이뤄 움직이기 때문이다. 그런 의미에서 모든 스포츠는 자신의 포지션 외에 각자 맡은 역할이 있다. 주장과 부주장이 있고, 기타 다양한 임무가 주어진다.

우리가 살아가는 보통의 일상도 이와 다르지 않다. 학교생활이든, 사회생활이든, 가정생활이든, 사회적 관계 속에서 진행되는 모든 일상은 단체생활이다. 아이가 온전한 사회인으로 자라나려면 함께 살아가며 자신의 자리와 위치를 분명히 확인하며, 능동적으로 그 일을 해낼 수 있는 역량을 조금씩 키워나가야 한다. 운동을 하는 아이는 그 역량을 보다 쉽게 익힐 수 있다.

자기중심적인 아이를 위한 인성 교육

외동 자녀가 많아지고 경쟁이 치열해지면서 자기중심적인 아이들이 늘어나고 있다. '자신'을 모든 일의 기준으로 삼는 것이다. 내 이익은 무엇인지, 나는 어떤 대접을 받는지, 내 위치는 어디인지를 제일 먼저 떠올린다. 나이가 어릴수록 자기중심적인 성향이 강한데, 또래와 운동을 하면서 자신에 대해 생각하는 법을 배울 수 있다.

방과 후 스포츠 강사들은 요즘 아이들의 자기중심적인 태도에 대해 지적한다. "약간만 힘들어도 견디지 못한다", "짜증을 쉽게 낸다", "친구를 도와줄 줄 모른다", "인사성이 부족하다"는 말은 그들이 공통적으로 쏟아내는 걱정이다. 부모들 또한 이런 점을 잘 알고 걱정한다. 내 아이가 사회성과 인성이 부족한 사람으로 크기를 바라는 부모가 어디 있겠는가.

인성 교육을 위해 부모들이 가장 많이 선택하는 운동이 태권도다. 태권도장에서는 태권도라는 무술을 수련하면서 태권도 정신을 배운다. 도장에 들어서는 순간부터 아이들은 국기에 대한 경례부터 관장에 대한 예절, 사범에 대한 존중, 친구들과의 우정과 배려, 어려운 동작을 반복적으로 연습하며 기르는 인내심, 힘겨운 훈련을 매일 반복하는 성실성, 자신을 스스로 돌아보는 겸손과 성찰의 태도를 배우게 된다. 요즘 아이들에게 가장 필요한 자기 절제와 이타적 정신을 습득하는 장인 것이다.

인성교육진흥법에서는 예, 효, 정직, 책임, 존중, 배려, 소통, 협동 등 사람됨과 관련 있는 덕목을 강조한다. 이 중 동양의 전통적 가치인 예나 효를 강조하는 것은 한편에서는 시대착오적이고 억압적이라는 지적도 있다. 그러나 어른에 대한 예의와 부모에 대한 효행의 가치는 다른 나라에서 찾아보기 힘든 덕목들로 보존되어야 한다. 지나칠 정도가 아니라면 사회와 가족의 행복을 유지하는 긍정적 가치임이 분명하다. 이러한 가치와 덕목들을 실제로 함양하기 위해서는 다양한 방안과 방법이 필요할 것이다.

책상물림식으로 인성을 변화시킬 수 없다

그러나 인성 교육에는 국·영·수 성적을 올리듯 직접적이고 빠른 방법은 존재하지 않는다. 지성 영역과는 달리 덕성과 관련된 내적 변화는 빠르게 진전되지 않는다. 변화의 과정도 뚜렷하지 않아서 학자들이 내놓은 다양한 이론과 모형들이 실제로 아이들을 지도할 때에는 무기력해지는 경우가 대부분이다.[9]

덕성은 내면의 변화이기는 하지만, 결국에는 외면적으로 표현되어야 하고, 행동으로 드러나야만 한다. 도덕교육에서 그렇게도 추구하는 '지행일치, 지행합일'의 원칙이 강조되는 이유이기도 하다. 우리 아이들은 알기는 하지만 행동은 못한다. 머리는 변했는데 손발은 따라 하지 못한다. 덕성을 높이려는 '지'교육은 되었으나 '행'교육은 부족한 것이 현실이다. 그래서 우리 선조들은 꾸준한 경전 공부와 함께 반드시 신체활동(신체 수련)을 병행했다.

아리스토텔레스에 의하면 인성의 변화는 책상물림식으로는 이룰 수 없다. 그것은 매 순간 체험과 반성을 통해 이뤄진다. 즉, 용기는 용기 있는 행동을 통해서, 겸손은 겸손한 행위를 통해서, 효행은 효도하는 행실을 통해서 길러진다. 결국 덕성은 습관화를 통해서 몸과 마음의 한 부분이 되는 자질이다. 습관화란 지속적 반복이다. 가정과 학교, 그리고 사회에서 아이들에게 올바른 마음가짐과 행동거지가 갖춰질 때까지 습관화시켜야만 한다. 좋은 습관은 좋은 인생의 바탕이 된다.

스포츠는 반복적 활동으로 습관화가 잘 이루어질 수 있는 활동이다. 특히 기술과 전술 훈련은 끊임없는 반복의 연속이다. 오랫동안 코치나 강사의 지도를 받고 그대로 따라 하면서 습관화가 진행된다. 또한 다른 팀원들과 함께 팀으로 운동하고 생활하면서 사회화를 겪게 된다. 코치와 감독에 대한 예절과 존중, 선배에 대한 예의, 그리고 팀 동료에 대한 사랑과 배려, 최선의 경기를 펼치기 위한 소통과 협동 등은 스포츠 활동을 통해 내면화되는 것이다.

운동을 하면 내면이 아름다워진다
: 영성 발달

전인 교육에서 왜 영성을 이야기하는지 이해가 되지 않을 수도 있다. 먼저 영성이란 무엇인지 살펴보자.

사람이란 존재를 다층적, 복합차원적으로 이해할 때 영성은 가장 안쪽에 있는 부분이다. 눈이나 귀 등 오감으로 파악하기 어렵기 때문 존재한다는 것을 믿기가 쉽지 않다. 하지만, 사람이라면 누구나 영성을 지니고 있다. 사람에 따라 그것이 발현되는지 그렇지 못한지의 차이가 있을 뿐이다.

유년기는 인간의 전 생애 중에서 영성이 가장 뚜렷한 시기다. 어린아이가 가장 순수하고, 어린아이의 영혼이 가장 맑다는 사람들의 감탄과 탄식이 바로 그 증거다. 영성의 측면에서는 아이가 성인보다 더 성숙하다고 볼 수 있다. 나이 들면서 영성은 오히려 퇴화된다. 이성이 발달하기 때문이다. 영화 〈벤저민 버튼의 시간은 거꾸로 간다〉는 영성의 퇴화를 보여주는 대표적인 예다.

운동은 사람의 가장 내면에 위치한 차원에 울림을 주어 그것을 성장시킨다. 그 차원을 양심 또는 정신이라고 부른다. 최근에는 영성이라고 부르는 것이 일반적이다. 이 영성은 종교를 염두에 둔 대상이 아니다. 특정 종교를 믿는 것과 상관없이 사람에게는 영혼이나 심령이라고 불리는 부분이 들어 있다는 말이다. 그러한 차원을 체성이나 지성, 감성이나 덕성처럼 영성이라고 부르는 것이다. 인간보다 더 큰 존재가 있고, 그것과 인간이 하나로 연결되어 있음을 직관적으로 받아들이며, 그것을 갈구하는 사람의 본성을 영성이라고 할 수 있을 것이다. 운동은 사람의 이러한 차원을 단련시키고 정화시키고 발달시킬 수 있다.

운동은 한 아이가 지니고 있는 다양한 측면에 좋은 영향을 미친다. 신체적인 측면, 인지적인 측면, 정서적인 측면, 윤리적인 측면, 그리고 영혼적인 측면의 전 영역에 도움을 줄 수 있다. 이런 숨겨진 힘이 있기 때문에 운동은 아이의 건강만이 아니라, 인생 전체를 바꿀 수도 있는 것이다.

사람은 유기체다. 동물이나 식물처럼 생물에 속한다. 광물과 같은 무생물이 아니다. 또한 사람은 다른 생물들과 근본적으로 다르다. 영성이 있기 때문이다. 다른 생물은 지능과 감정은 있지만 영성은 없다. 오직 인간만이 영성을 지녔다. 우리는 이것을 보통 얼, 정신, 혼 등으로 부른다. 어떤 사람의 존재, 가치를 나타내주는 가장 중요한 부분이다.

영성이 있는 아이의 특성

근본적으로 영성은 형이상학적 개념이다. 사람의 몸과 마음 안에 직접적으로 존재하지 않는다. 영성은 오로지 다른 4가지 본성을 통해서만 간접적으로 확인될 수 있을 뿐이다. 체성, 지성, 감성, 덕성에 묻어 나올 뿐이다. 그렇다면 영성이 있는 아이에게는 어떤 특징이 있을까?

● 타인에 대한 따뜻한 마음이 넘친다

유치원생 유진이란 아이가 있다. 항상 밝은 표정의 유진이는 친구들을 좋아하고 형과 누나를 잘 따른다. 선생님에 대해서도 언제나 긍정적이다. 인사를 잘하며 존댓말을 쓴다. 놀이터에서 혼자 놀지 않고 친구들과 함께 놀기를 좋아한다. 때에 따라서 약간 부산스러운 느낌도 있지만, 주의력 결핍 과잉행동장애(ADHD)라고 생각될 정도는 아니다. 원래부터 타고난 친화력이 있는 것 같다. 특히 몸이 불편한 친구들에게 더욱 마음을 쓴다. 장난감과 학용품을 함께 나누어 쓰기를 꺼리지 않는다. 다른 아이를 밀치거나 때리지 않는다. 친구가 좋아하면 함께 웃고, 울면 같이 운다. 다른 아이들의 감정에 쉽게 공감하며 자기보다 친구를 먼저 생각한다. 자기가 먼저 시작하고 함께 도와주는 역할을 많이 한다. TV나 길거리에서 어려운 사람들을 볼 때면, 어린아이임에도 적극적으로 도움을 주려는 태도를 보인다. 엄마 입장에서는 친구들을 너무 좋아한 나머지 쉽게 상처를 받을 때가 많아서 걱정스럽기도 하다.

● 자신에 대한 진지한 성찰이 있다

초등학생 연주라는 아이가 있다. 이제 2학년이지만 키도 크고 하는 행동도 또래에 비해서 성숙하다. 연주의 특징은 무엇보다도 초롱초롱한 두 눈에 있다. 두 눈이 정말 맑고 깊다. 아직 아이지만 믿음직한 느낌을 준다. 말을 함부로 하지 않고, 표현을 정확히 하려고 노력한다. 여자아이지만 친구들 사이에 의리가 있는 것으로 알려져 있다. 또한 무엇이든지 호기심이 많으며 제대로 배우려는 의욕이 강하다. 그래서 선생님께 질문을 자주 한다. 주변 사람들에게도 궁금한 것이 많다. 왜 나는 이 세상에 태어났을까, 나는 무엇이 되어야 하고 어떻게 살아야 할까? 왜 나는 다른 사람들과 다를까? 어떻게 하는 것이 올바른 행동인가 등등. 엄마는 대화를 나눌 수 있는 딸이 좋기도 하지만, 나이보다 조숙해서 다른 사람들로부터 아이가 비관적이라는 평을 듣지 않을까 걱정되기도 한다.

● 자연과 환경에 대한 애정이 많다

이제 막 학교에 들어간 용남이란 아이가 있다. 남자아이인데 말이 적고 수줍음을 많이 탄다. 그림책을 좋아하고 집 안에서 키우는 화초에 물 주는 것을 좋아한다. 체육관이나 운동장에서 축구공과 농구공을 가지고 노는 것을 싫어하지는 않지만, 운동장 언저리에 자라고 있는 식물들을 살펴보는 것을 더 즐긴다. 주말이면 아빠와 함께 근교에 있는 공원이나 산, 혹은 생태림을 찾아가고 싶어 한다. 푸른 나뭇잎으로 하늘이 온통 가려진 울창한 숲에서 지저귀는 새소리를 듣는 것을 좋아한다. 바닷가에 사는 물고기들과 다른 생물들에 대한 사랑도 남다르다. 바닷물이 오염되는 것을 싫어한다. 자동차와 공장에서 배출되는 매연 때문에 대기가 오염되고 열대화되는 것에 관심이 있다. 엄마는 아이가 사람들보다는 동물과 식물, 환경을 좋아하는 것이 약간 마음에 걸리지만, 착한 심성이 고맙기만 하다.

● 보이지 않는 세계에 대한 경외심이 높다

소이라는 초등학생 여자아이가 있다. 외동딸인데 씩씩하고 활달하다. 남자아이들과도 잘 지낸다. 축구를 좋아하고 나중에 여자축구 선수가 되고 싶다는 말을 하기도 한다. 소이는 아주 어렸을 때부터 할머니가 찬송가를 부르고 성경을 열심히 읽는 것을 보아왔다. 할머니는 소이에게 같이 교회에 가자고 강요하지는 않는다. 아이 부모가 교회에 안 나가기 때문이다. 어린 소이는 예수님이나 하느님에 대해서는 잘 모른다. 눈에 보이지 않지만 우리 세계와 인간을 굽어보고 있는 커다란 존재가 있음을 알고 있다. 제일 좋아하는 할머니가 그렇게 확신을 갖고 말씀하기 때문이다. 내가 잘하면 복을 주시고 내가 못하면 벌을 내리는 존재가 있고, 나쁜 짓을 하고 사는 사람은 죽어서 좋은 곳에 가지 못한다는 생각을 갖고 있다. 그래서 반드시 좋은 사람이 되어야만 한다고 철석같이 믿는다. 엄마는 아직 어린 소이의 이런 생각에 자신의 의견을 덧붙이거나 설명할 필요를 느끼지는 않는다.

아이의 영성을 운동으로 키우는 방법

영성이란 한 사람의 존재를 규정하는 핵심이다. '정신이 나갔다' 또는 '얼이 빠졌다'고 할 때의 정신이나 얼에 해당한다고 할 수 있다. 영성은 그만큼 우리 아이들의 전인성을 회복하는 데 결정적이다. 그런데 영성의 체험과 함양은 손쉽게 이루어지지 않는다. 우리 안에 가장 깊은 곳, 가장 보이지 않는 곳에 숨어 있기 때문이다. 영성에 울림을 주기 위해서는 각고의 노력이 필요하다.

우리 아이들이 이런 고된 수행의 당사자가 될 필요는 없다. 현대에는 스포츠활동이 신체적 수행의 대체물이 될 수 있기 때문이다. 경쟁적 상황에서 사용되는 스포츠 기술의 연마와 게임 전략의 숙달을 위한 훈련이야말로 자기 수련의 과정이 될 수 있다. 올바른 지도자의 인도를 통하여 운동하는 과정 자체가 신체를 통해서 자신의 영성에까지 울림을 주는 전인적 성장의 체험장임을 깨달을 수 있기 때문이다.

코메니우스, 페스탈로치, 프뢰벨, 슈타이너 등 아동교육 사상가들은 교육의 목적을 아이의 전인적 발달로 보았다. 전인교육을 위한 이들의 교육방법에서 신체적 활동과 체험은 아이의 영적 성장을 촉진시킬 수 있는 필수요소다. 앞의 사례들에서 보았듯이, 영성은 직접적으로 드러나지 않는다. 체성, 지성, 감성, 덕성과 서로 연결되는 과정을 거쳐야 영성은 강화되고 두터워진다.

신체적 자극을 통해서 가슴과 마음과 머리가 동시에 움직이며 연합되는 상황이 자주 발생할수록 아이들의 영성은 더욱 뚜렷해진다. 자기 자신을 좀 더 자세히 들여다볼 수 있게 하며, 상대와의 대결을 통하여 타인을 이해할 수 있도록 한다. 인공적, 자연적 환경을 극복하는 과정을 통해서 어찌할 수 없는 힘의 존재를 느낄 수 있게 되기도 한다. 스포츠 체험은 바로 이 같은 기회를 효과적으로 제공하는 것이다.

온전하게 건강한 아이란

온전하게 건강한 아이는 어떤 모습일까? 체성·지성·감성·덕성·영성을 고루 갖춘 아이다. 오성이 건강한 아이들은 일상생활에서 어떤 모습을 보일까.

신체적으로 건강한 아이는 몸과 마음에 활력이 넘치고 밝은 기운이 비친다. 신체적으로 튼튼할 뿐만 아니라, 신체를 움직일 때 사용하는 마음까지도 씩씩하다. 육체적인 수준에서 표피적으로 건강한 것을 넘어서서, 신체의 균형적인 아름다움을 중요시하고 내면적 차원도 고려한다.

지성적으로 건강한 아이는 지혜로운 생각을 하며 시의적절한 판단을 내린다. 축구를 왜 해야 하는지, 얼마나 해야 하는지, 어떻게 해야 하는지 스스로 고민하고 부모와 코치의 조언을 듣는다. 스포츠센터에 성실하게 가야 하는지, 연습 시에 얼마나 충실해야 하는지, 공부와 운동을 어떻게 조화시켜야 하는지 시행착오를 거치면서 점점 더 올바른 결정을 내린다.

감성적으로 건강한 아이는 자기 삶에서 벌어지는 것을 있는 그대로 느낀다. 좋은 일은 기쁜 마음으로, 안 좋은 일은 슬픈 기분으로, 힘겨운 일은 견디는 심정으로, 화나는 일은 참는 마음으로 대면한다. 살면서 겪거나 당하는 일들을 희로애락애오욕의 감정으로 받아들이고, 그것을 정서적으로 올바른 방식으로 표현할 수 있다. 시합을 하면서 지나친 승부욕으로 분노를 표출하거나 상대방에 대하여 정당하지 않은 행동을 하지 않는다.

성품이 건강한 아이는 편견과 아집으로부터 자유롭다. 모든 것에 열려 있으며 포용적이고 수용하는 태도를 지닌다. 남자아이들의 경우 자기보다 운동 실력이 떨어지는 남자 친구들을 무시하지 않는다. 운동을 좋아하지 않는 여자아이들의 경우 운동을 좋아하는 여자아이들을 이상하게 여기지 않는다. 자신이 좋아하는 운동 종목 대해서 타인과 함께하기를 즐겨하고 다른 종목에 대하여 편견을 갖지 않는다. 차이를 허용하고 차별을 멀리한다.

영성적으로 건강한 아이는 세상에 대한 따뜻한 사랑을 지니고 있다. 자기 가족, 타인, 문화, 사회, 국가, 자연, 우주 등 세계를 구성하는 모든 것에 대한 궁금증과 호기심을 지니고 있다. 눈에 보이는 것과 보이지 않는 것들에 대하여 인정하고 아끼는 마음으로 대한다. 축구를 할 때도 경기를 넘어 축구가 만들어내는 하나의 커다란 문화, 커뮤니티, 그리고 우주에 대한 총체적인 사랑의 마음을 보여주면서, 축구 실력을 향상 시키려고 노력한다.

3부

내 아이에
맞는
맞춤형
운동법 23

아이의
몸에 맞는
운동은?

운동이 아이의 몸에 좋다는 것은 앞서 충분히 이야기했다. 하지만 아이의 몸 상태와 맞지 않는 운동은 오히려 독이 된다. 아이마다 체력과 체형, 체질이 다르기 때문에 운동법 또한 다를 수밖에 없다. 과연 내 아이의 몸에 맞는 운동은 무엇일까? 아이의 몸에 관심을 갖고 주의 깊게 살펴보자. 가장 효과적인 운동법은 무엇인지 함께 알아보도록 하자.

키가 작은 아이

"점프운동을 하고 충분히 잔다"

성장판을 자극해야 키가 큰다

키가 자라는 데 직접적인 영향을 미치는 것은 팔다리 뼈의 길이다. 이것이 키가 크는 데 성장판이 관건이 되는 이유다. 성장판이란 팔다리 뼈에서 길이 성장이 일어나는 부분으로 뼈의 양쪽 끝에 있다. 사춘기쯤 이 성장판이 모두 뼈로 바뀌면 길이 성장이 끝나 키 역시 더 이상 자라지 않는다. 따라서 뼈가 완전히 단단해지기 전에 성장판을 최대한 자극해야 한다. 그래야 뼈가 더 자라고 키도 큰다. 성장판을 자극해서 키가 크는 데 도움을 주는 운동엔 어떤 것이 있을까?

성장판을 직접적으로 자극해주는 운동으로는 농구, 배구, 줄넘기 등이 있다. 모두 상하 점프를 많이 하는 운동이다. 최근 국내의 많은 실험 연구들은 운동과 아동의 키 성장의 높은 상관관계를 증명해준다. 한 예로 농구를 하면 혈중 성장호르몬의 농도가 높아진다는 결과가 나왔다.[10] 야구 훈련 프로그램은 성장과 기초체력, 호흡과 순환 기능 향상에 긍정적인 영향을 주며,[11] 지속적이고 규칙적인 태권도 수련은 골밀도를 증가시킨다는 결과도[12] 나왔다. 이와 함께 운동이 아이의 체력 향상과 성장에 도움이 된다는 경험적 연구들이 많이 제시되고 있다.

유소년 시기의 신체 발육 상태에 맞게 행해지는 운동은 성장판을 자극하고, 성장호르몬 분비를 촉진시킨다. 아이가 지니고 태어나는 성장의 잠재치가 최대한으로 발현되도록 돕는다. 키가 작은 아이들이 특히 운동을 열심히 해야 하는 이유다. 키가 작은 아이가 운동을 하면 뼈와 근육이 강화되고 혈액순환이 원활하게 이루어져 세포에 충분한 영양을 공급해주어 키가 크는 데 도움이 된다.

운동생리학 연구자에 따르면 운동이 성장호르몬의 분비를 직접적으로 증가시키는 반면, 성장호르몬의 방출을 억제시키는 소마토스타틴(somatostatin)의 생산을 막는다고 한다.

하지만 지나친 성장판 자극은 오히려 아이의 몸에 부작용을 일으킨다. 성장판을 약물로 자극하려다 경골화가 더 빠르게 진행되거나, 견디기 어려운 강도의 운동으로 연골이 파괴되는 경우도 있기 때문이다. 아이가 자기 몸에 맞지 않는 격렬한 운동을 하면 오히려 성장판을 다칠 수도 있다. 아이의 체력과 운동 수준, 운동 형태에 따라 성장호르몬의 반응이 달라질 수도 있기에 적절한 운동 강도와 지속 시간을 결정하는 것이 중요하다. 이때 의사와 운동 처방 전문가의 조언이 필요하다.

신체 발달에 가장 중요한 요소는 충분한 수면

충분한 수면은 성장기 아이들의 발달을 위해 반드시 필요하다. 아이가 운동을 통해 신체를 활발하게 움직이면 숙면을 취할 수 있다. 수면을 충분히 취하면서 꾸준히 운동하면 체지방 비율이 낮아지고 조기 사춘기나 성조숙증을 예방할 수 있다. 성조숙증이 진행되면 성장에 꼭 필요한 성장판이 일찍 닫힌다. 성조숙증으로 인해 앞으로 더 자랄 수 있는 아이의 키가 멈춰버릴 수도 있는 것이다. 하지만 운동을 통해 성조숙증을 예방하면 키가 크는 기간을 최대한 확보할 수 있다.

키는 유전적 영향을 가장 많이 받는 신체 조건의 하나다. 신문이나 방송에 등장하는 단기간에 마법 같은 성장을 보장한다는 상품들은 대부분 허위이거나 과대선전이다.

유전적인 요소 이외에 키에 가장 큰 영향을 미치는 것은 영양과 휴식이다. 적절한 영양소가 아이의 몸에 공급되면 발육이 순조롭게 진행된다. 성장기에 수면을 충분히 취해야 균형 잡힌 뇌의 활성화가 일어나 학업 향상에도 긍정적인 영향을 미친다.

몸이 허약한 아이
"일상생활에서 신체활동량을 늘린다"

허약한 아이는 건강 체력을 키워야 한다

체력이 약하면 질병에 대한 면역력이 떨어지고 활기차게 생활할 수 없다. 운동능력뿐만 아니라 환경에 대한 적응능력도 떨어진다. 똑같은 일을 해도 또래 아이들에 비해 시간이 더 걸린다. 체력이 약한 아이는 생활의 불편함을 넘어 여러 제약을 받는다.

몸이 허약하다는 것은 통상적으로 "쉽게 지친다", "힘이 부족하다", "장시간 앉아 있지 못한다" 등의 상태를 말한다. 이는 건강 체력이 약한 것이다. 건강 체력은 근력과 근지구력, 심폐지구력, 유연성, 체구성(비만율) 등을 말한다. 따라서 몸이 허약한 아이는 기본적으로 근력, 근지구력, 심폐지구력, 유연성, 순발력 등을 기를 수 있는 운동을 해야 한다.

근력과 근지구력을 증진하기 위해선 덤벨, 바벨 등의 운동을 하는 것이 좋다. 장비가 없으면 아이의 체중을 이용한 운동방법도 있다. 웨이트 트레이닝이나 턱걸이, 윗몸일으키기(혹은 윗몸말아올리기), 팔굽혀펴기 등이 있다. 근력이 좋아지면 신체 균형 감각이 좋아지고, 바른 체형을 유지하게 되며, 운동을 할 때 필요한 힘을 낼 수 있다. 또한 관절 주변의 근육과 인대를 강하게 하여 각종 부상을 예방할 수 있고, 여학생의 경우에는 뼈를 튼튼하게 해서 골다공증을 예방할 수 있다.

심폐지구력을 키우는 데는 오래달리기 및 걷기, 수영, 등산, 자전거, 에어로빅, 줄넘기와 같은 운동이 효과적이다. 심폐지구력이 좋아지면, 심장 근육이 발달하여 온몸의 혈액순환 기능이 좋아진다. 폐기능의 발달로 산소 공급도 원활해지고, 산소 이용 능력이 좋아져서 운동 후 피로가 빨리 회복된다. 혈관 속 노폐물 제거에 도움이 되어 혈관계 질환을 예방할 수 있다. 지방을 주요 에너지원으로 사용하기 때문에 체중 조절에도 도움이 된다.

유연성을 높이는 운동으로는 주요 관절을 굽히고 펴는 동작으로 관절 주위의 근육을 늘려주는 스트레칭이나 요가가 좋다. 유연성이 향상되면 신체 근육과 관절이 부드러워져서 운동할 때 부상 위험이 줄어든다. 또한 관절의 움직임 범위가 넓어져서 좀 더 부드럽고 정확한 동작을 할 수 있다. 바른 자세와 체형을 유지하는 데도 도움이 된다. 그리고 혈액순환을 도와 산소와 에너지 공급이 원활하게 이루어진다.

생활 속에서 활동량을 늘리자

그러나 몸이 허약한 아이가 스스로 새로운 운동을 시작하기란 어렵다. 몸이 허약한 아이에게는 특별히 좋은 운동, 피해야 할 운동을 고민하기보다는 생활 속에서 신체활동량을 늘리는 것이 효과적이다. 아이의 기초체력과 건강에 도움을 줄 수 있는 방법을 찾아야 한다. 엘리베이터보다 계단을 이용한다거나, 마트에 갔을 때 카트를 직접 끈다거나, 아니면 걷거나 자전거를 타고 통학하는 방법도 좋다. 일상 속에서 몸을 더 움직일 수 있는 방법이 무엇인지 아이와 함께 찾다보면 좋은 답이 나올 것이다. 집에서 실내자전거를 타며 TV를 시청하는 것처럼, 운동효과가 있으면서도 아이들이 선호할 수 있는 형태의 신체활동을 권해야 한다.

학교 현장을 보면 몸이 허약한 아이일수록 체육 수업시간에 흥미를 잃고 적극적으로 참여하지 않는 예가 많다. 학교 체육시간에 불참하는 습관이 들면, 신체활동과 점점 더 멀어지는 악순환을 겪게 된다. 아이가 체육시간에 자신감을 가질 수 있도록 학교에서 중점적으로 지도하는 신체활동이 무엇인지 알아본 후, 가정에서 그 활동을 더 해보는 기회를 만들어주는 것이 좋다. 대다수 초등학교에서는 아침 달리기, 줄넘기 인증제, 배드민턴 등 아이들이 쉽게 할 수 있는 신체활동을 전 학년 아이들에게 권한다. 가정에서 부모와 함께했던 신체활동이 학교에서 칭찬받는 기회로 이어진다면, 아이들은 재미를 느끼고 운동을 하는 동기를 갖게 된다.

　어떤 부모는 매일 밤 허약한 체력을 가진 초등학생 5학년 아들과 함께 최신 곡을 들으면서 셔틀런(20미터 왕복달리기)을 했다고 한다. 좋아하는 가수의 노래를 들으며 20미터 왕복달리기를 매일 15분 이상 한 것이다. 그 결과 3개월 후 학교에서 측정하는 학생건강체력평가에서 심폐지구력 항목이 2등급이 향상되어 가족 모두 기뻐했다고 한다. 이렇듯 몸이 허약한 아이는 부모의 꾸준한 관심과 노력이 있다면 반드시 건강해질 수 있다.

자세가 바르지 않은 아이
"관절 보호와 근육 강화에 좋은 운동 하기"

다리를 꼬거나 가방을 한쪽으로 메지 않기

오랜 시간 의자에 앉아 책을 보거나 공부를 하는 아이들은 바르지 못한 자세와 습관 때문에 몸에 문제가 생긴다. 자세가 특히 나쁜 아이에게는 의식적으로 올바르게 앉는 습관을 들이게 하면서, 공부하는 틈틈이 적절한 휴식을 취하게 해야 한다. 이와 더불어 자세 교정에 도움을 주는 운동을 병행한다면 더욱 효과적이다.

먼저 우리나라 아이들이 많이 앓고 있는 '척추측만증'에 대해 알아보자. 척추측만증은 초등학교부터 고등학교까지 오랜 좌식 생활을 하는 아이들에게 흔히 볼 수 있는 질병이다. 정상적인 척추는 정면에서 보았을 때 일직선이다. 척추측만증은 척추를 정면에서 보았을 때 옆으로 휜 것을 말한다. 단순한 이차원적 기형이 아니라 척추뼈 줄기 자체가 회전 변형되어 옆에서 보았을 때에도 정상적인 만곡 상태가 아닌 삼차원적인 기형 상태를 보인다. 척추측만증을 예방하기 위해서는 어떤 운동을 하면 좋을까?

우선 흔히 쉽게 생각할 수 있는 스트레칭이나 요가, 필라테스와 같이 유연성과 관절 가용 범위를 확장시킬 수 있는 운동이 올바른 자세를 형성하는 데 도움이 된다. 이외에도 허리 근육을 강화할 수 있는 운동은 대부분 좋은 효과가 있다. 걷기와 뛰기가 대표적이다. 사람이 걸을 때 척추기립근(척추의 양옆 근육)이 긴장과 이완을 반복하게 되고 이러한 활동이 근육을 강화시킨다. 즉, 반복적으로 다리를 사용하는 활동이 허리 근육을 튼튼하게 만드는 것이다. 걷기나 달리기 외에도, 등산이나 자전거 타기, 줄넘기와 같은 운동이 허리 근력 강화에 도움이 된다.

단, 이런 운동들이 무릎 관절이나 발목 혹은 척추 뼈에 무리가 된다면 수영과 같은 전신 운동도 유익하다. 물속에서는 중력의 영향을 덜 받기 때문에 관절이 받는 충격이 줄어든다. 운동 효과를 기대할 수 있고 부상 염려는 작아 추천할 만하다. 수영 대신에 물속에서 이루어지는 에어로빅 형태의 아쿠아로빅을 해도 좋다.

하지만 자세를 바로 잡는 운동을 하기에 앞서 오랜 시간에 걸쳐

무의식중에 고질적으로 자리잡은 행동, 예를 들어 평소 다리를 꼬고 앉거나 가방을 한쪽으로 메는 등의 습관을 먼저 고쳐야 한다. 일상 생활 속에서 의식 없이 이루어지는 반복적인 활동이 병을 키우는 데 결정적인 요인임을 아이에게 주지시키고, 올바른 습관을 가질 수 있도록 끊임없이 격려해주자.

골절로 다친 아이
"운동을 간접적인 방법으로 즐기게 한다"

간접적으로 운동을 즐기기

운동으로 인한 외적 상해 중 골절은 아이들에게 가장 빈도가 높은 외상이다. 가장 좋은 치료제는 시간이라고 할 수 있다. 소아 골절은 빠른 치유력을 보이는데, 어린 아이의 경우 특히 치료 후에 남아 있는 잔존 변형을 스스로 빠르게 교정하는 재형성력을 가지고 있다. 그렇지만 아이의 뼈가 잘 붙어 완전히 제 기능을 하기 전까지 무리한 운동을 해서는 안 된다. 골절이나 수술 후에는 초기 관리가 매우 중요한데, 골절 후 움직임 제한이나 수술로 인한 뼈, 근육 인대 등 연부조직의 손상 등으로 인하여 통증 및 근력 약화가 발생한다.

이 시기에는 적절한 관절 운동 및 근력 강화 운동을 통하여 수술 후 회복을 앞당길 수 있고, 수술로 인한 합병증을 예방할 수 있다. 이는 아이마다 다르기 때문에 의사 혹은 재활 치료사와의 지속적인 상담이 필요하며, 회복 속도에 따라 운동 강도 등을 달리 해야 한다.

그러나 다쳤다고 해서 스포츠를 즐길 수 없는 것은 아니다. 우리는 직접 몸을 움직여 스포츠를 즐기지만, 간접적으로도 즐길 수 있다.

구체적으로는 온 가족이 함께 직접 경기장에 찾아가서 경기를 관람하는 것도 좋은 방법이다. 축구나 야구를 관람하며 가족끼리 즐거운 시간을 보낼 수 있다. 스포츠를 주제로 하는 책을 함께 보는 것도 운동을 간접적으로 즐기는 좋은 예다. 스포츠는 인류가 매우 오랫동안 지속해온 문화활동이기 때문에 다양한 인문적 요소들을 포함하고 있다. 부모가 아이에게 책을 통해 스포츠의 폭넓은 인문적 요소들을 즐길 수 있게 해준다면 아이는 직접 몸을 움직여 운동했을 때 얻을 수 없는 또 다른 즐거움을 누릴 수 있다. 요즘은 스포츠를 소재로 한 소설이나 만화뿐 아니라 유명 선수들의 자서전까지 매우 다양하게 나와 있다.

운동을 다시 시작하기 전까지 절대 스포츠를 누릴 수 없는 것은 아니다. 직접 즐기지 못한다면 간접적으로 즐겨야 한다. 그리고 간접적으로 즐기는 것이 결코 직접 즐기는 것보다 못한 것도 아니다.

이것은 스포츠의 음양과 같아서 두 가지 방법을 모두 취해야만 스포츠를 올바로, 제대로 누릴 수 있다. 이제까지 아이가 몸으로 직접적으로만 스포츠를 즐겼다면, 아픈 시기가 오히려 전화위복이 될 수 있다. 아이에게 간접적인 스포츠를 많이 접하게 해준다면 스포츠는 아이를 평생 행복하게 해줄 것이다.

운동신경이 부족한 아이
"가정에서 줄넘기를 습관화한다"

운동 체력을 기르면 운동신경이 좋아진다

우리가 일상생활에서 이야기하는 '운동신경'이란 무엇을 말하는 것일까? 한마디로 운동감각이다. 운동을 잘하는 기초능력을 말한다. 노래를 잘 부르고 그림을 잘 그리는 데 음악감각이나 미술감각이 필요한 것처럼 운동을 잘하려면 운동감각이 필요하다.

"운동신경이 좋다"라는 말은 체력적 요소가 잘 갖춰져 있고 운동 기능을 빨리 습득한다는 의미다. 공을 잡거나 발로 차는 것, 배트를 휘두르거나 활을 쏘는 것, 공중으로 뛰어오르거나 앞으로 구르는 것 등 신체 기능을 발휘하는 데 남달리 뛰어나고 습득 속도가 상대적으로 빠른 상태를 말한다.

가장 기초적인 수준의 운동신경은 운동 체력을 뜻한다. 운동 체력이란 운동 기능을 잘 수행하도록 돕는 체력적 요소들로 순발력, 민첩성, 평형성, 협응성 등이 이에 해당한다. 예를 들어 순발력은 근육이 짧은 시간에 폭발적으로 발휘하는 힘을 말하는데, 근력 강화와 근수축 속도의 증가를 통해서 강화할 수 있다. 전문적인 운동방법으로는 플라이오매트릭 트레이닝, 사다리뛰기, 메디신 볼 던지기 등이 있다. 이 운동들은 점프, 뜀뛰기, 지그재그뛰기 등의 동작들로 이루어져 있으며, 이를 통해 근육의 힘을 증가시키면서 순간적인 동작도 함께 습득할 수 있다.

운동신경이 부족한 아이들은 신체활동에 대한 자신감이 떨어져 운동뿐 아니라 여러가지 사회적 활동을 꺼리게 된다. 신체적인 측면뿐만 아니라 사회성, 자아 형성 등의 개인 발달 전반에 부정적인 영향을 끼치는 것이다.

하지만 아이의 운동신경은 노력만 한다면 얼마든지 좋아질 수 있다. 이를 위해서 달리기 같은 기본 운동을 비롯해, 다양한 움직임을 경험해보면 좋다. 보다 효과적인 운동으로는 육상, 체조, 수영, 스키 등이 있다. 자신의 신체가 어떻게 움직이고 있는지 직접 느끼고, 그 움직임을 자신이 원하는 대로 이끌면서 즐거움을 느낄 수 있다. 특히 구르기 같은 체조활동이나 무용이 아이의 흥미를 유발하는 데 효과적이다.

아이의 운동 발달과 관련해 기본운동기능(FMS : Fundamental Motor Skill)이라는 게 있다. 일반적으로 이동운동기술(달리기, 호핑, 갤로핑, 슬라이딩, 수평점프)과 물체조작운동기술(던지기, 받기, 차기, 치기, 드리블, 굴리기)이 이에 해당하는데, 이와 관련해 현재 적절한 발달 단계에 관한 평가 기준이 개발된 상태다.

학교 현장에서 보면 FMS가 우수한 학생들이 체육시간이나 스포츠 상황에서 신체 능력을 잘 발휘한다. 기본운동능력 신장과 체력 향상이 함께 이루어지면 선천적으로 뛰어나지 않은 운동신경이라도 충분히 개발되고 향상될 수 있다. 특별한 운동을 전문적으로 하지 않아도 된다. 유아기부터 초등 시절까지 줄넘기 같은 간단한 운동도 효과가 크다. 요즘에는 줄넘기를 하는 다양한 방법도 소개되고 있어 가정에서 쉽게 습관화할 수 있다. 줄넘기를 습관화하면, 다른 운동으로 전이될 수 있는 운동신경을 개발하는 데 매우 효과적이다.

아이의 성향에 맞는 운동은?

아이가 운동을 자발적으로 하려면 성향에 맞는 운동을 선택해야 한다. 아이의 성향은 자라면서 바뀌기도 하지만, 그대로 유지되는 경우도 많기 때문에 어렸을 때 자기에게 맞는 운동을 찾아주어야 한다. 내성적인 아이, 공격적인 아이, 산만한 아이 등 아이의 성향을 정확히 파악하여 내 아이에게 가장 적합한 운동을 찾아보자. 아이와 함께 운동법을 찾는 과정 자체가 행복한 여정이 될 것이다.

운동을 싫어하는 내성적인 아이
"혼자 할 수 있는 운동부터 시작해본다"

아이가 어릴수록 선생님이 중요하다

내성적인 아이이기 때문에 운동을 싫어한다는 생각은 다시 해볼 필요가 있다. 아이가 운동 자체를 싫어하는 것인지, 다른 아이들과 비교되는 상태에 놓이는 것을 싫어하는 것인지, 정말로 타고나길 내성적인지를 정확히 알아야만 한다. 원인을 제대로 파악해야 올바른 처방을 내릴 수 있다.

내성적이라는 말은 통상적으로 '소극적이고 나서지 않으며 말이 적고 어울리는 것을 좋아하지 않는 성격'을 이야기한다. 활동하지 않는 편이고 조용해서 드러나지 않는 성향도 포함된다. 이런 자녀를 둔 부모는 일차적으로 아이가 지나치게 내성적인 것을 걱정하고, 어느 정도는 다른 아이들과 어울리며 외향적인 성격으로 변화되기를 바란다. 나약한 성격 탓에 공격적인 성향의 아이들로부터 괴롭힘을 당할지 모른다고 생각하기 때문이다. 그래서 아이가 원하지 않는데도 적극적으로 운동을 하라고 강요한다.

하지만 어떤 부모는 내성적 성격을 크게 염려하지 않고 왕따나 은둔형 외톨이 수준만 되지 않으면 괜찮다고 여긴다. 내성적인 것이 반드시 나쁘거나 잘못된 것은 아니라고 생각하기 때문이다. 그도 그럴 것이 내성적인 아이들은 남의 일에 쓸데없이 간섭하거나 타인을 불편하게 하지 않는다. 주변에 피해를 주지 않고 자신의 일에 성실히 집중하는 특징을 가지고 있다.

내성적인 아이에게는 억지로 운동을 시키는 것보다는 운동을 좋아하는 마음을 불러일으키는 것이 먼저다. 우선 우리 아이가 '운동을 싫어하는 내성적인 아이' 중에서 어떤 경우에 해당하는지를 파악한 뒤, '나는 그런 우리 아이를 어떻게 도와주고 싶은지'를 결정해야 한다. 그리고, 어떤 경우든 자녀가 어릴수록 좋은 선생님(강사)을 만나야만 한다. 아이를 친근하게 대하는 선생님이어야만 내성적이고 소극적인 아이들을 잘 이끌어서 운동에 참여시키고, 운동을 좋아하는 단계까지 끌어올릴 수 있기 때문이다. 따라서 운동 프로그램을 이끄는 선생님의 특징에 대해서 잘 아는 것이 매우 중요하다.

목적에 따라 운동 방법이
달라야 한다

먼저 아이가 활달한 성격을 가지도록 운동을 적극적으로 (혹은 강제적으로) 시키겠다는 부모의 경우를 보자. 이 때는 많은 아이들이 함께 참여하는 프로그램이나 단체 운동을 시켜본다. 일정 기간 단체로 여러 운동을 하는 유아스포츠단이나, 아예 농구나 축구 같은 팀 운동에 참여시키는 것이다. 다른 또래 친구들과 자주 접촉하는 과정 속에서 조금씩 적극적으로 변하는 아이의 모습을 볼 수 있다. 단, 이 방법은 내성적인 성향이 그렇게 크지 않은 아이에게 유용하다.

만일 아이가 내성적인 성향이 지나치게 강하다면, 어떤 종목이든 개인교습이나 소그룹으로 진행되는 프로그램을 선택하는 것이 좋다. 심리적 안정감과 자신감이 북돋워질 수 있도록 말이다.

둘째, 자녀의 내성적인 성격을 인정하면서 스스로의 틀 안에 갇혀 지내지 않는 것을 목적으로 운동을 시키고 싶은 부모의 경우를 보자. 이 때에는 아이가 혼자 할 수 있는 태권도, 검도, 수영, 스키, 요가 등 개인 스포츠 종목들을 체험할 수 있도록 해본다. 자신의 운동 능력과 개인 의지에 맞춰 운동 진도를 조절할 수 있어서 훨씬 부담감이 덜하다. 사범이나 강사와의 1대1 교류도 높아 개인적인 대화를 자주 나눌 수도 있다. 아이가 개인 스포츠를 무리 없이 소화할 수 있다면 그 다음으로 대인 스포츠라고 하는 배드민턴, 테니스, 탁구, 스쿼시 등 라켓스포츠 종목을 선택적으로 시켜본다. 상대와의 경쟁이 있지만, 1대1, 2대2로 하는 게임 자체는 온전히 자신의 능력으로 통제할 수 있는 방식의 운동이기 때문에 내성적인 아이가 하기에 부담이 덜하다.

내성적인 아이들은 통상적으로 축구, 농구, 하키 등 심한 경쟁이나 신체적 접촉이 많은 운동을 좋아하지 않는다. 소극적이고 양보하는 성격 때문에 또래들과의 관계에서 뒤처지거나 이리저리 치이는 상황에 놓이기 쉽다. 자녀가 아직 어리고 시간이 허락된다면 단계적인 접근으로 실행에 옮기는 방법도 많은 도움이 된다. 개인운동으로 먼저 운동에 대한 익숙함과 자신감을 갖추도록 한 후에, 나이가 들어가면서 접촉성이 많은 단체운동을 시키는 것이 효과적이다.

이것저것 다해도 아이가 운동을 싫어한다면?

아이가 계속해서 운동을 하기 싫어한다면 이런 방법도 있다. 먼저 아이가 좋아하는 형태의 간접적 체험활동을 제공해준다. 간접적 체험활동이란 운동을 내용으로 하는 보기, 읽기, 쓰기, 그리기, 말하기, 듣기 등을 말한다.

예를 들어 축구 경기 시청이나 관람은 가장 흔하게 할 수 있는 간접 체험활동이다. 축구를 소재로 한 영화와 만화를 보거나, 축구를 내용으로 하는 동화와 소설을 읽거나, 멋진 축구 경기 장면을 묘사한 회화를 감상하거나, 사진작가가 찍은 작품사진을 감상한다. 자기 팀을 응원하는 팬들의 응원가와 응원 구호를 듣거나 지난 축구 경기에 대한 멋진 해설과 논평을 읽는 것도 좋다. 이런 것들이 모두 간접 체험활동이다.

간접 체험활동을 할 때엔 그림, 노래, 영화, 사진, 글 등 자녀가 좋아하는 양식을 선택하여 그것에 친숙한 환경을 만들어야 한다. 간접적 활동을 익숙하게 만든 다음에 직접적 체험활동을 유도하는 순서이다. 이 방법은 그동안 학교현장에서 운동기능이 미흡한 남자아이들과 운동에 익숙지 않은 여자아이들을 대상으로 시행하여 좋은 결과를 얻어낸 바가 있다. 아이가 먼저 운동을 제대로 이해하고 호감을 갖도록 기다려주어야 한다.

공격적인 성향이 강한 아이
"예절이 중요한 운동으로 심신을 단련시킨다"

공격적인 아이의 기준

내성적인 아이와는 반대로 공격적인 아이들이 있다. 활력이 넘쳐 흐르고 경쟁 의욕이 강해서 지는 것을 참지 못한다. 운동을 할 때 적극적인 태도로 임하며, 상대와 맞닥뜨렸을 때 지지 않으려 하기 때문에 공격적인 경향을 띤다. 자존감 강한 남자아이들이 경쟁에 임하는 일반적 양상이다.

그런데 운동하는 상황을 넘어 일상생활과 학교생활에서도 공격적인 성향을 띠는 아이들이 있다. 이런 아이들은 또래들과의 관계에서 피해를 줄 수 있고, 본인 스스로도 피해 당사자가 될 수 있다. 만일 아이가 공격적인 성향을 타고났다면 운동만으로는 해결될 수 없다.

전문적인 심리 상담과 약물 치료가 함께 필요하다.

사실 상대편에 대해 정도 이상의 적대감을 갖고, 이를 말이나 행동으로 표출하는 것은 단순히 운동을 지나치게 좋아해서일 수 있다. 운동을 정말 좋아하기 때문에 정서적으로 너무 몰입을 하다 보니 자신도 모르게 욱하는 감정이 솟구치는 것이다. 이런 경우에는 운동 방법을 올바르게 지도하면서 공격성을 감소시킬 수 있다.

한 예로 운동하는 장면을 휴대폰이나 카메라로 녹화하여 본인에게 직접 보여주자. 공격적인 플레이가 적절한지 부적절한지를 스스로 확인할 기회를 주는 것이다. 그다음 어떤 플레이가 훌륭한 플레이인지에 대해 인식할 수 있도록 스포츠맨십이나 올바른 모범 사례들을 지속적으로 들려주고, 알게 하고, 토론하도록 한다. 아이 스스로 올바른 플레이를 할 수 있도록 객관적으로 점검하고 교정하는 기술을 습득하게 한다.

어떤 운동을 어떻게 해야 할까

앞서 지적했듯이 지나친 공격성은 운동만으로는 고치기 어렵다. 다만, 일시적이고 강도가 약한 공격성은 운동을 통해서 단기간에 충분히 교정될 수 있다. 우선, 공격성이란 상대가 있을 경우에 발산되는 것임을 감안하여, 수영, 달리기, 줄넘기, 체조, 요가, 필라테스, 웨이트 등 개인스포츠나 피트니스를 시킨다.

이런 운동은 대부분 혼자서 동일한 동작을 지속적으로 반복하기 때문에 정서적 스트레스나 공격성을 감소시키는 효과가 있다.

둘째, '예의'나 스포츠맨십을 특별히 강조하는 운동을 시킨다. 동양에서는 예로부터 무술이 자기 수양의 훌륭한 통로로 발달되었다. 태권도, 유도, 검도, 쿵후, 아이키도 등 한국, 일본, 중국에서 유래한 다양한 동양무술을 수련함으로써 타고난 공격성을 줄이고 무술의 도에 몸을 길들일 수 있다. 이 무도들은 경쟁이나 시합이라는 개념 이전에 자기 스스로를 연마하는 자기 수련의 활동이라고 할 수 있다.

셋째, 상대방과의 경기를 통해서 공격성을 분출하거나 해소함으로써 성품을 가다듬을 수 있다. 배드민턴, 탁구, 테니스, 그리고 배구 등과 같은 네트 스포츠가 이에 해당한다. 네트 스포츠에서는 특히 예절을 중요하게 여긴다. 상대와의 신체 접촉 없이 경기에 충실할 수 있기에 매너를 잘 발휘할 수 있게 한다.

배려심, 양보심 등 타인에 대한
민감성을 높여준다

공격성은 자기중심적이고 이기적인 성격 때문에 더욱 커진다. 자기에 대한 애정이 너무 강할 때 상대에 대한 적대감과 배타심이 커지게 마련이다. 자기애와 이기심이 운동 현장에서 지나치게 발산될 때 심한 몸싸움이나 거친 말투로 발전하기도 한다. 물론 경기 상황에 지나치게 몰입하거나 승부에 지나치게 집착하는 것도 주된 이유다.

이런 아이들에겐 배려심이나 양보심 등 타인에 대한 민감성을 높여주고, 다른 한편으로는 무엇이 올바른 스포츠 정신인지를 제대로 알도록 해주는 조처가 필요하다. 운동을 직접 지도하는 스포츠 강사나 코치가 이런 스포츠맨십과 매너를 솔선수범해 가르쳐줘야 한다. 그래서 인성교육과 스포츠 정신을 강조하는 프로그램을 선택하는 것이 필요하다. 집에서 부모가 올바른 스포츠 정신을 알려주는 자서전이나 소설, 영화 등을 함께 보면서 알려주는 것도 도움이 된다.

운동을 못해서 놀림받는 아이
"교사와 상의해 체력부터 키워준다"

놀림받는 일은 초등학교 시절로 끝나지 않는다

초등학교에서 가장 인기 있는 남자아이는 운동을 잘하는 친구다. 가장 인기 있는 종목이 축구이기 때문에 축구 잘하는 남자아이는 스타 대접을 받는다. 운동 못하는 남자아이는 공부를 아주 잘하지 않는 한 인기가 없다. 때로는 놀림의 대상이 되기도 한다.

안타깝게도 이런 일은 어렸을 적에만 일어나지 않는다. 성인이 되어서도 운동을 잘하면 어디에 속하든 상관없이 사회적 성공의 결정적인 (적어도 중요한) 요인이 될 수 있다. 단적인 예로 남자들이 모이면 가장 손쉽게 할 수 있는 운동이 축구인데, 축구를 잘하면 그만큼 유리한 위치를 점하거나 좋은 대우를 받을 수 있다.

아이들이 축구같은 팀 플레이에서 잘하지 못하면 간접적이고 은근한 따돌림을 당하는 것이 일반적이다. 친구와 어울려 함께 축구를 하고 싶은 데도 끼워주지 않는 것이다. 선수를 선발할 때에도 아예 선택되지 못하거나, 마지못해 마지막으로 선택된다. 이럴 때 아이들은 자존심이 상하고 자신감을 잃는다. 이런 상황이 지속되면 결국 운동을 싫어하게 된다. 또한 스스로를 또래 그룹에서 소외시키게 되어 학교생활을 소극적으로 할 수밖에 없다.

잘하는 운동을 적극적으로 찾아주고 선생님과 상담하기

자녀가 놀림을 받는다면 부모가 해야 하는 가장 첫 번째 조처는 담임선생님이나 학교장에게 상담을 요청하여 현재 상황을 이야기하고 아이를 잘 보살펴 달라고 부탁하는 것이다. 내 아이를 운동 잘하게 만들어서 콧대를 꺾어주고 말겠다는 '눈에는 눈, 이에는 이'의 대응으로는 대개의 경우 좋은 결말이 생기지 않는다. 운동 실력이란 단기간에 만들어지지 않기 때문이다.

먼저 아이의 신체능력과 본인이 운동에 흥미를 가지는지를 잘 파악해야 한다. 이때 체육을 담당하는 선생님이나 체육학원이나 스포츠센터의 원장, 또는 구민체육회관의 프로그램 담당 강사 등 전문가들의 상담이 도움이 될 수 있다. 간단하나마 운동능력을 검사할 수 있으면 더 정확하게 판단을 할 수 있다. 초등 4학년 이상이라면 학교에서 매년 시행하는 체력검사인 PAPS 테스트 결과를 활용할 수도 있다. 개인 스포츠, 대인 스포츠, 그리고 단체 스포츠 중에서 자녀가 가장 선호하는 것, 좋은 지도자의 유무, 그리고 편의성 등을 고려하여 선택하면 된다.

단계적으로 친근감을 느끼도록 하기

아이들 각자에게는 자기에게 잘 맞는 운동이 있다. 아무리 몸치라 하더라도 수백 종류의 운동 중엔 잘할 수 있는 것이 반드시 있다. 게임처럼 보이는 운동, 즉 다트, 투호, 스포츠스태킹 등에서 시작하여, 다소 기술이 요구되는 티볼, 소프트볼, 풋살, 플로어하키 등 새로운 스포츠로 진전시키면 좋다. 이후 요가, 필라테스, 조깅, 줄넘기 등 어렸을 때보다 유연성이 강조되는 피트니스 운동을 통해서 체력을 기르도록 한다. 수영이나 태권도 등 개인 스포츠를 통하여 전신운동을 함으로써 심폐지구력이나 근지구력 등을 상승시켜도 좋다.

운동을 못하는 아이들에게 구기운동은 쉽지 않다. 특히 축구는 종합적인 능력이 발휘되어야 하기 때문에 더욱 어렵다. 축구는 기본적으로 넓은 운동장을 계속해서 뛰어다녀야 하며, 상대방을 이리저리 피해서 공을 다루어야 하고, 같은 편끼리 서로 패스를 주고받으며 슛을 성공시켜야 한다. 이 모든 것을 잘하려면 심폐지구력, 근력, 민첩성, 협응력, 그리고 인지력과 상황 판단력 등을 고루 갖추어야 한다. 특히 신체 발육과 발달 수준이 또래에 못 미치거나, 신체적 협응력이 아직 덜 발달된 작은 아이들은 잘해내지 못하는 것이 어찌 보면 당연하다.

그렇지만 아이들은 대부분 성인보다 유연성과 민첩성이 뛰어나다. 심리적으로 충분히 안전한 상황에서 친절하게 오랫동안 배우면 대부분의 경우 남을 따라서 할 수 있는 수준 정도엔 이를 수 있다. 언어나 음악도 그렇지만 어렸을 때에는 무엇이든 제대로 빨리 배우지 않는가?

운동을 못한다고 놀림받는 아이들은 대부분 제대로 배울 기회가 없었던 경우가 많다. 배울 기회도 없이 타고난 신체와 기술수준으로만 운동을 하는 상황에 놓이기 때문에 잘 못하는 것이다.

따라서 이런 아이들은 단계적으로 체력을 향상시키면서 운동에 좀 더 익숙해지는 과정을 반드시 거쳐야 한다. 그렇게 기초를 잘 다진 후에 축구, 야구, 농구 등 단체 구기운동에 참여하도록 한다. 조금 늦게 시작했다 하더라도 얼마든지 습득 속도가 빨라질 수 있다. 무엇보다도 아이가 정신적으로 어느 정도 성숙하고 자신감이 갖추어진 상태라면 어려움을 참아내는 인내심과 추진력을 발휘할 수 있다.

협동심이 부족한 아이
"팀 스포츠를 통해 부모가 직접 가르친다"

부모와 함께할 수 있는 활동

요즘 아이들은 한 자녀 가정의 자녀이거나, 형제가 있더라도 자존감을 잃지 않도록 교육받기 때문에 개인주의적 성향이 강하다. 이런 성향은 학교에서 단체생활을 할 때 두드러진다. 특히 축구, 야구, 농구, 배구 등 단체 스포츠를 실행할 때 드러난다. 초기에는 다른 아이들과 함께 목표를 추구해가는 과정이 쉽지 않지만, 다른 팀과 실제 시합을 하면서 팀 내에서의 자기 역할을 인지한다. 그렇게 단체생활에 적응하면서 시간이 흐름에 따라 점차적으로 개인적인 성향이 줄어든다.

아직 판단력이나 사고력의 발달이 높은 수준에 오르지 않은 어린 아이들은 자기 눈으로 직접 팀워크가 이뤄지는 현장을 자주 목격해야 하며, 직접적인 가르침을 받아야만 한다. 협동심이 부족한 아이들이 부모와 같이 할 수 있는 활동들로는 다음과 같은 것들이 있다.

■ 팀 스포츠 관련 서적 읽기 : 수많은 구기종목 중 특히 팀워크의 중요성을 강조하는 서적이 많이 나와 있다. 경기에서 승리하거나 오랜 시즌 경기에서 살아남기 위해서는 개인의 기량도 중요하지만, 많은 감독들은 팀워크가 승리의 원동력 중 75퍼센트 정도를 차지한다고 말한다. 그들이 남긴 서적을 읽어보게 하는 것도 도움이 될 것이다. 예를 들면 『소크라테스 아저씨네 축구단』은 나보다는 우리를 생각하게 한다.

■ 팀워크가 뛰어난 팀 경기 관람하기 : 대외적으로 팀워크가 뛰어나다는 평가를 받는 팀들의 경기를 관람하면서 이 팀의 강점은 무엇인지, 왜 이렇게 플레이를 하는지 파악하고 느낀 점을 글로 써 보게 한다. 축구, 농구, 야구 등 여러 종목에서 팀워크가 뛰어난 팀들이 있다. 한국 야구가 큰 경기에서 보여준 팀워크를 다큐멘터리로 제작한 사례도 있으니 이를 참고하면 좋을 것이다.

■ 제3자의 입장에서 바라보기 : 아이가 속한 팀이 경기하는 모습을

촬영해 아이가 없을 때의 상황과 있을 때의 상황을 확인해본다. 아이가 팀에서 어떤 역할을 하고 있으며, 어떤 존재인지를 객관적으로 파악해본다. 즉, 제3자의 입장에서 객관적으로 아이의 플레이를 분석해보고 팀워크 요소를 중심으로 바라본다. 그리고 이에 관해서 부모와 아이가 진지한 대화를 나누어본다.

규칙에 얽매여 즐기지 못하는 아이
"규칙과 스포츠맨십의 차이를 알려준다"

원인이 무엇인지 아이를 살펴본다

아이가 규칙에 얽매이는 것이 야구나 축구를 제대로 즐기지 못하는 근본적인 이유는 아닐 것이다. 규칙을 잘 아는 것은 오히려 스포츠를 제대로 즐길 수 있는 기반이다. 야구 규칙을 모르면 관람조차 재미없기 마련인데 규칙을 모른 채 직접 운동을 한다면 더욱 재미를 느끼지 못할 것이다.

이런 연구 결과를 보고한 사례가 있다. 학교 운동장에 울타리가 있을 때와 없을 때 학생들이 어떻게 노는지를 관찰했더니, 울타리가 없을 때는 학생들이 운동장 중앙에서만 놀았으나 있을 때는 운동장

여기저기를 돌아다니며 놀았다. 이렇게 볼 때 규칙은 스포츠의 울타리이다. 스포츠를 더 풍성하게 즐기기 위해서는 규칙이라는 울타리가 꼭 필요하다. 다시 말해서 규칙의 본래 기능은 아이를 얽매는 것이 아니라 제대로 즐기게 하는 것이다.

그렇다면 아이가 운동을 제대로 즐기지 못하는 데에는 다른 이유가 있을 것이다. 함께 야구나 축구를 하는 친구들이 규칙을 잘 모른다거나, 스포츠를 제대로 배우지 못해서일 수도 있다. 혹은 어린아이들에게 성인 선수들의 규칙을 적용했기 때문일 수도 있다. 아직 운동 기능수준이 낮은 아이들에게 프로선수들에게 적용되는 정규 규칙을 그대로 적용하는 것은 옳지 못하다. 대상과 환경에 따라 규칙도 달라야 한다. 아이들에게는 그 나이와 수준에 맞는 울타리가 필요하다.

운동 규칙에 대한 울타리는 체육 선생님이나 코치가 만들어 주는 것이다. 아이가 나이와 수준에 맞게 스포츠를 제대로 즐기려면 마음껏 즐길 수 있도록 맞춤 울타리를 쳐줄 수 있는 기관을 찾아가는 것이 좋다. 요즘은 학교에서 스포츠클럽, 토요스포츠데이 등 다양한 방과 후 스포츠 활동을 하고 있다. 주변을 조금만 둘러보면 아이들을 위한 스포츠클럽이나 센터가 꽤 많을 것이다. 평판이 좋은 지도자가 있는 곳을 수소문하여 아이가 스포츠를 즐겁게 배울 수 있게 해주어야 한다.

다시 한 번 강조하지만, 아이가 규칙에 얽매인다고 느낀다면 그것은 크게 걱정할 일이 아니다. 오히려 스포츠를 제대로 즐길 수 있는 기반을 갖추었으니 기뻐해야 할 일이다. 스포츠맨십을 지키려는 태도를 잘 활용하여 좋은 스포츠클럽에서 직접 스포츠를 체험할 수 있게 해준다면 스포츠는 틀림없이 아이에게 평생 좋은 친구로 남을 것이다.

ADHD로 산만한 아이
"중강도~고강도 운동을 매일 20분씩 시킨다"

운동을 하면 고도의 집중력이 길러진다

ADHD 증상이 있는 아이들에 대해서 우리가 갖는 오해 중 하나는 아이가 산만하다는 것이다. 하지만 ADHD 아이들은 자기가 관심을 기울이는 부분에서는 매우 뛰어난 집중력을 발휘한다. 운동은 ADHD 학생의 집중 가능 시간을 향상시키는 데 도움을 줄 수 있다. 불안증상을 감소시켜 ADHD 증상을 완화시키고 정서적 안정을 도모할 수 있게 해준다.

ADHD 증상을 보이는 아이에게 운동이 좋은 이유는 운동이라는 활동 자체가 특히 높은 집중력을 요구하기 때문이다. 빠른 속도로 날아오는 테니스공, 내 발끝에서 벗어나려고 하는 축구공, 농구에서 드리블을 할 때 상대편의 움직임, 수영할 때의 리듬과 호흡 등 한순간이라도 집중하지 않으면 기술을 제대로 펼칠 수 없다. 또한 순간의 집중력이 시합의 결과와 직결되기 때문에 한눈을 팔 틈이 없다. 따라서 운동을 하는 신체활동 자체가 ADHD 증상이 있는 아이들로 하여금 더욱 집중력을 발휘하도록 한다.

ADHD를 극복한 유명한 인물이 있다. 바로 세계적인 수영선수 마이클 펠프스다. 수영으로 ADHD를 극복한 펠프스는 2008년 베이징 올림픽 수영 종목에서 기존의 최다 메달 수인 7개를 넘어 8개를 획득했다. 어린 시절 ADHD 치료를 위해 시작한 수영으로 역사에 남는 기록을 세우며 세계 최고의 선수가 된 것이다. 1998년 나가노 동계올림픽 미국 여자아이스하키 대표팀 주장이었던 카미 그라나토는 자신이 ADHD 환자이기 때문에 빙판에서 지칠 줄 모르고 질주할 수 있었다고 고백하기도 했다.

우뇌 기능 향상과 균형 잡힌 뇌기능 발달

운동이 직접적으로 ADHD 증상을 완화 또는 치료하는 데 효과가 있다는 완전한 메커니즘을 밝힌 연구 자체는 아직 보고되지 않았다.

그러나 최근 국내외에서 소규모 그룹이나 사례 연구를 통해서 아이들에게 특정한 방식의 운동 치료를 했을 때 효과적이라는 연구 결과가 보고되고 있다. 이들 연구는 약물 치료와 신체활동 치료가 병행되었을 때 최선의 효과를 얻을 수 있다고 주장하고 있다.

2013년 삼성서울병원에서는 만 6~12세 ADHD 아동들을 대상으로 한 재활 승마 치료가 약물 치료와 비슷한 효과를 나타낸다는 연구 결과를 발표했다. 인터넷 게임, TV 시청 등 환경적으로 발생한 좌뇌의 과도 자극은 좌우 뇌의 불균형을 야기하고 ADHD나 틱장애의 주요 원인이 된다고 한다. 또한 이 결과에 따르면 우뇌의 기능을 향상시키기 위해서는 팔과 다리 등 대근육운동이 필요한데, 승마를 할 때 안장에 올라앉아 균형을 유지하기 위해 하지와 허리의 근육을 활용하는 자세, 앉은 자세를 유지하며 손으로 고삐를 잡는 동작 등이 도움이 된다고 한다. 이렇게 운동을 통해 뇌를 자극하는 방식은 약물보다 시간이 오래 걸리기는 하지만, 뇌기능이 떨어지지 않도록 만들기 때문에 더 효과적이라고 보고한다.

ADHD의 원인은 아직 정확하게 밝혀지지 않았지만 최근 연구에 따르면 운동이나 놀이로 뇌의 기능을 활성화시킬 수 있다고 한다. ADHD 아동들은 운동을 통해서 운동신경이 고르게 발달하고 승부를 통해서 충동을 조절할 수 있다. 또한 운동 후 휴식을 통해 깊은 사고를 하면서 자신을 되돌아볼 수 있다. 미국 호프스트라 대학에서

주의력이 부족한 8~11세 남자아이들을 대상으로 무술을 배우는 그룹, 유산소운동을 하는 그룹, 운동을 하지 않는 그룹으로 나누어 실험한 결과, 무술을 배운 아이들의 행동이 가장 많이 안정되고 학업도 향상되었다고 한다.

어떤 운동을 어떻게 해야 하는가?

ADHD 증상과 신체활동의 관계를 조사한 최근의 연구들에 따르면, ADHD 증상을 보이는 아이들이 중강도에서 고강도의 신체활동을 1주 3회 하거나 또는 적어도 매일 20분 이상 하면 시험 성적, 숙제, 그리고 자존감에 있어서 향상을 보였다고 한다.

특히 7~12세 아동을 대상으로 한 지레이스와 얀센의 연구에 따르면 단기간 운동이나 장기간 운동 모두 학생의 실행 기능과 운동 수행에 향상을 가져왔다.[13] 또한 "운동의 종류가 무엇이든 결국에는 인지 수행력에 도움을 줄 것이다. 유산소 활동이 실행 기능에 긍정적인 영향을 줄 가능성이 높으며, 만약 유산소 활동과 인지적 관여가 함께 진행되면 효과는 더 커진다"고 한다. 특히 달리기, 줄넘기, 축구 그리고 농구와 같은 신체활동을 매일 20분 정도 하는 운동프로그램이 과체중을 지닌 ADHD 학생들에게 효과가 있음도 밝혀냈다.

ADHD 아이들이 운동을 할 때 기술이 필요한 것은 아니다. 활발히 움직이는 것 자체가 중요하다. 그리고 지속적으로 운동하는 습관을 갖는 게 가장 중요하다. 일정량의 운동을 꾸준히 하면 기억력이 향상되고 집중력이 높아지면서 ADHD 증상의 호전을 기대할 수 있다.

컴퓨터 게임 중독인 아이
"적절한 보상으로 운동 동기를 부여한다"

최종 목표는 자발적으로 운동을 즐기는 것

아이들의 인터넷, 스마트폰, 게임 과몰입 현상은 수면 장애, 수면 부족, 식이 장애 뿐만 아니라 운동능력 저하, 체력 감퇴까지 일으켜 성장기 전반에 악영향을 미친다.[14] 아이들의 중독 치료에는 미술 치료, 집단 상담 치료, 약물 치료 등이 있는데, 최근에는 운동 치료와 같은 자율적 신체활동이 각광을 받고 있다. 운동 치료가 게임 중독에 빠진 아이들에게 긍정적인 치료 효과가 있다는 연구들이 많이 제시되고 있다.

그 중 대표적인 연구 결과에 따르면 신체활동을 많이 할수록 인터넷 몰입과 중독 성향이 낮아진다.[15] 그러나 억지로 운동을 좋아하게 만들 수는 없다. 따라서 게임을 좋아하는 아이들은 운동의 최종 목표를 '자발적으로 운동 즐기기'에 두어야 한다. 쉽게 참여할 수 있는 단계를 제시하고, 이를 달성하였을 때 보상을 제공하는 행동주의 기법을 활용해 행동을 수정하는 것이다. 이 방법은 이미 다양한 연구를 통해 효과가 입증되었다. 단계적으로 행동을 변화시키면 아이가 긍정적인 태도 변화를 보인다.

다른 방법은 아이에게 운동에 대한 동기부여를 강하게 주는 것이다. 운동 프로그램을 '경쟁심 유발'이라는 게임 상황과 비슷하게 설정하면 된다. 게임을 좋아하는 아이들이 컴퓨터와 매우 친밀하다는 점을 활용하자. 야구, 축구, 농구 등은 e-스포츠 게임에서도 많이 활용되는 소재다. 아이들에게 컴퓨터 사용을 무조건 금지하기보다 스포츠 게임을 통해서 흥미를 갖게 하고, 실제 운동으로 연결시켜 주는 방법이 현실적인 대안이다.

e-스포츠 게임의 경우 가정과 학교의 보호 아래 적절하게 시행된다면 친밀한 상호작용을 일으키고, 아이들의 심리적, 사회적 활동에도 긍정적인 영향을 미친다.[16] 게임의 전략이나 전술을 활용해 실제 스포츠로의 적용을 꾀하는 것이다.

디지털 매체 활용과 가상 스포츠 활용

디지털 매체와 친한 아이들에게는 기본적인 움직임을 바탕으로 하는 게임을 활용하여 운동을 유도할 수 있다. 예를 들어 닌텐도사의 위(Wii)라는 게임기는 가상현실 기술을 활용해 TV 화면과 신체 움직임을 결합시킨 상품이다. 위(Wii)에서 인기 있는 소프트웨어인 'Wii Sport Resort'에는 농구, 탁구, 골프, 카누, 자전거, 볼링, 양궁, 수상스키 등 다양한 스포츠 종목이 들어 있다.

이런 게임은 아이가 활발한 신체활동을 함께 할 수 있어서 유익하다. 또한 신체활동에서 가장 특징적인 부분을 선별하여 활동성을 높일 수 있게 유도한다. 게임을 통해 스포츠에 관심을 기울이고, 거부감 없이 종목에 진입할 수 있도록 돕는 '보조바퀴' 역할을 하는 것이다. 컴퓨터 게임을 좋아하는 아이라면 위(Wii) 같은 게임기를 활용하여 신체활동을 하도록 돕는 것도 한 방법이다.

손에 리모컨을 쥐고 가상으로 볼링, 복싱, 야구, 테니스, 웨이크 보드, 수상 오토바이 등을 하는 것이지만, 이를 통해 컴퓨터 게임에 중독된 아이들이 실제 신체활동을 하도록 유도할 수 있다.

조금 더 현실성을 높인 가상 스포츠로 스크린 골프나 가상 승마가 있다. 실제 필드에 나가지는 못하지만 화면을 통해 쉽게 참여할 수 있는 기회가 제공된다. 부모와 아이들이 함께 스크린 골프를 치거나 가상 승마를 경험하면 종목에 대한 긍정적 인식이 쌓이고, 이는 평생 즐길 수 있는 여가활동으로 이어진다.

부모가 운동을 못하는 아이
"운동하는 환경부터 만들어준다"

유전되는 것은 운동신경만이 아니다

부모가 좋은 운동신경을 가지고 있을 경우 아이도 곧잘 운동을 하는 것을 볼 수 있다. 운동선수의 자녀가 부모와 같은 스포츠 관련 직업을 갖게 되는 경우도 많다. 축구 차범근 감독의 아들 축구선수 차두리, 농구 허재 감독의 아들 농구선수 허훈과 허웅, 배구 하종화 감독의 딸 배구선수 하혜진, 배구 조혜정 감독의 딸 프로골퍼 조윤지 등이 그 예다. 이들은 모두 부모의 운동신경을 물려받은 것일까?

생물학적 특징 대부분은 부모로부터 유전되는 것이 사실이고, 문화적·심리적인 성향을 자녀가 물려받는 것도 어느 정도는 사실이다. 하지만 그 정도는 미미한 수준이다. 운동능력이 뛰어난 부모의 자녀들은 부모의 직업이나 취미 등 여러 요소가 운동 친화적 환경에 놓이기 쉽다. 따라서 운동에 노출되고 습득할 수 있는 기회가 많았을 것이다. 이것이 운동을 좋아하고 잘하는 보다 중요한 이유라 할 수 있다. 이렇게 볼 때 부모가 운동을 못해서 자식도 운동을 못한다고는 말할 수 없다.

또 하나 '운동신경'의 의미를 정확히 파악해야 한다. 생리학적 의미에서 말하는 운동신경은, 일상적 수준에서 말하는 운동신경이 좋다고 할 때의 의미가 아니라 뇌에서 발생된 운동 지령을 몸에 전달하는 신경다발이다. 이 신경다발들 간의 전달 및 반응 속도가 좋으면 운동신경이 좋다고 말할 수 있다. 즉 외부 자극에 대해 신속하고도 정확하게 반응한다는 것이다. 운동선수들은 꾸준한 연습과 훈련을 통해 뇌와 근육의 반응 체계를 지속적으로 발달시켰기 때문에 일반인들보다 운동신경이 좋은 것이다.

물려받은 유전자보다 환경이 중요하다

아이의 운동 능력 발달에 영향을 미치는 요인은 매우 다양하다. 개인적 요인으로는 유전, 사회적 지지자, 심리적 요인을 꼽을 수 있다. 하지만 경우에 따라서 개인적인 요인보다는 환경적 요인이 운동 능력의 전체 발달을 결정하기도 한다. 쉽게 말하면 부모에게 좋은 유전자를 받은 아이보다, 어린 시절부터 부모와 함께 자주 운동을 해본 아이가 운동을 더 잘할 수 있다는 뜻이다.

뇌에서 보내는 운동 지령에 대해 몸이 빠르게 반응하게 하고, 운동신경을 발달시키는 협응력은 신경회로의 성능에 의해 결정된다. 이 신경회로는 10세 이전에 90퍼센트 이상 완성된다. 그렇기 때문에 어린 시절에 운동신경을 발달시키는 편이 훨씬 효율적이다.

즉 엄마, 아빠가 운동을 못하더라도 운동 친화적인 환경에서 신체 활동을 많이 한다면 부모보다 훨씬 뛰어난 운동 능력을 가질 수 있다. "내가 운동을 못하니 내 자식도 못하는 게 당연하다"는 생각부터 바꿔야 한다. 아이는 원래 운동을 못해서 못하는 게 아니라 안 해봐서 못하는 것이다. 이번 주말에 아이와 함께 공놀이부터 해보는 게 어떨까.

부모는 어떻게 **도와주어야** 할까

운동을 직접 몸으로 하기를 꺼리는 아이들, 아직 운동하는 것이 몸에 익숙하지 않는 아이들이 있다. 이때 부모는 아이가 운동에 관심과 호감이 생기도록 도와주어야 한다.

운동을 단순히 몸으로만 경험하기 전에 다양한 감각으로 익히고 표현하는 과정을 겪으면 아이의 내면은 풍요로워진다. 구체적으로 어떤 방법이 있는지 함께 살펴보자.

쉽고 재미있는 스포츠 작품 감상하기

일단 아이가 스포츠에 대한 작품을 감상하거나 듣는 것으로 시작한다. 대체로 아이들은 동영상, 음악, 영화, 그림, 시 등을 좋아한다. 아이가 흥미를 보이는 작품들을 적극적이고 적절하게 제공한다.

조금씩 적응이 되고 호응을 보이면 말하고 쓰고 그리는 활동으로 옮겨간다. 아이의 운동 체험을 글, 소리, 색깔, 동작 등 다양한 형식으로 표현할 수 있게 돕는다. 아이가 표현한 창작물로 서로 이야기 하는 시간을 갖는다. 예를 들면 어떤 기분으로 그림을 그렸는지, 색깔은 어떻게 선택했는지 직접 아이가 말로 표현하게 한다.

운동복, 스포츠용품 등 활용하기

여자아이들의 경우에는 발레복이 좋아서 발레를 시작하는 경우가 많다. 예쁜 발레 옷을 입고 싶어서 발레를 배우는 것이다. 발레를 할 때 나오는 음악이 좋아서 발레를 좋아하는 아이들도 있다. 이처럼 아이가 운동 소품이나 주변 환경에 관심을 먼저 갖는다면 존중해주어야 한다. 이런 작은 단초가 운동을 하게 되는 상황으로 이어지기 때문이다. 불필요한 관심이라고 아이를 무시하거나 핀잔을 주면 안 된다. 오히려 적극적으로 격려해주자.

아이가 좋아하는 자료를 찾아주기

야구, 축구, 골프, 농구 등 인기 종목들은 자료가 많다. 시집, 소설, 에세이, 자서전 등이 풍부하다. 스포츠 문학 자료들을 아이의 나이와 관심에 맞게 찾아서 읽혀보자.

스포츠 음악과 미술은 구글이나 기타 검색엔진을 통해서 Sport Music, Sport Art 등의 검색 단어로 찾으면 다채로운 자료들이 많다. 특히 아마존에서는 음악 자료를 많이 찾을 수 있다. 'Pinterest'라는 이미지 검색엔진은 최고해상도 이미지들을 다양하게 찾을 수 있는 저장소다. 이밖에 유튜브에서 동영상 자료를 구할 수도 있다.

시간이 지나면 아이 스스로 자료를 찾게 하기

처음에는 부모가 흥미로운 자료를 아이를 위해 찾아주다가 아이가 그에 대해서 생각하고 느끼고 말하고 표현하기 시작하면 방법을 바꿔본다. 아이 스스로 자료를 찾아보도록 유도하는 것이다. 시간이 지나면 자연스럽게 아이 스스로 좋아하는 장르의 작품을 찾도록 한다. 작품을 보는 안목이나 스스로 자기만의 작품을 만들려는 동기가 생기고 발달한다. 이 과정을 통해서 아이들의 창의성 또한 함께 커진다.

여자아이에게 맞는 운동은?

여자아이의 경우 남자아이들보다 운동에 친숙해지기가 어렵다. 운동을 아주 좋아하거나 잘하는 경우가 아니면 소극적인 태도를 갖기 쉽기 때문이다. 시간이 지나면 운동에 대한 소극적인 마음이 부정적으로 바뀐다. 운동을 계속 멀리하면 체력적인 부분이 심한 문제를 일으킬 수도 있다. 어떻게 하면 여자아이들이 운동에 흥미를 갖고 시작할 수 있는지 알아보자.

운동을 처음 해보는 여자아이
"혼자 하는 운동으로 부담 없이 시작한다"

여자아이가 못할 운동은 없다

여자아이라서 못할 운동은 없다. 최근 인기를 끌고 있는 격투기에도 여자선수들이 진출해 있는 실정이다. 카레이싱, 암벽등반, 고산등반, 프리다이빙, 철인경기 등 엄청난 담력과 체력이 동시에 필요한 운동에도 여자들이 참여하고 있다. 골프나 피겨스케이팅 등은 오히려 여자들이 남자보다 훨씬 두드러진 성과를 올리고 있다. 성인뿐 아니라 유·청소년 여자아이들도 스포츠 참여 범위가 넓어지고 있다. 이제 운동에 금녀의 벽이란 존재하지 않는다.

기회가 부족해서 운동 경험이 없는 여자아이라면, 상대와 대결하는 운동보다는 혼자서 실행하는 운동이 좋다. 고난이도의 운동기능을 필요로 하는 게 아니어서 부담이 없고, 무엇보다 남 앞에 서는 창피함을 피할 수 있기 때문이다. 수영과 달리기, 스키나 스노보드가 가장 손쉽게 시작할 수 있는 종목이다. 수영은 체질상 남자보다 여자의 부력이 크고, 스키와 보드운동도 체형상 여자아이의 신체 중심점이 낮고 안정성이 높아 쉽고 빨리 배울 수 있다.

요가나 필라테스, 에어로빅 등은 유연성이 뛰어난 여자아이가 좀 더 편안하게 시작할 수 있는 체력 운동이다. 음악을 들으면서 다른 사람들과 대화를 하며 정서적 교류를 즐기는 여성의 특성이 효과를 발휘할 수 있는 종목이다. 표현활동에 좀 더 흥미를 보이는 여자아이들에겐 댄스스포츠를 추천한다. 남자와 한 쌍을 이루어 플로어를 누비며 다양한 춤을 추는 행복감을 맛볼 수 있다. 댄스스포츠는 놀랍게도 많은 체력이 요구되는 유산소운동이며, 따라서 리듬감과 표현력 이외에 심폐지구력에도 도움이 된다.

함께하는 운동의 재미를 맛보도록 하라

요즘은 한 자녀 가정이 많고, 또 둘이라도 딸만 있는 가정도 많다. 만약 부모가 딸아이가 소극적·내성적으로 지내지 않고 적극적이고 활기찬 성격을 갖기를 원한다면, 스포츠보다 좋은 교육은 없다. 특히 상대를 두고 경쟁을 하는 방식의 스포츠가 좋다. 배드민턴이나 탁구와 같은 개인 스포츠, 넷볼이나 소프트볼, 티볼 같은 단체 스포츠, 더 나아가 남성 위주의 축구, 야구, 농구도 훌륭한 운동이다.

성품이란 결국 사회적 결과물이다. 즉, 사회적 맥락 안에서 사람들과의 교류를 통해 형성된다. 기껏해야 교실이나 학원에서 공부를 위한 만남이 전부인 여자아이들에게 운동은 최고의 선물이다. 친구들과의 신체적, 정서적, 인지적 유대감을 만들어준다. 성품이 자랄 수 있는 사회적 환경을 제공해주는 것이다.

종목과 상관 없이 같은 학교를 다니는 아이들이 10~20명 모여서 학년에 관계없이 한 가지 운동을 중심으로 서로 연습하고 교류함으로써 긍정적인 효과가 나타나기도 한다. 학부모들은 자녀가 다니는 학교에 어떤 스포츠클럽이 제공되며 어떻게 참가할 수 있는지 알아볼 수 있다. 여자아이들만으로 만들어진 스포츠클럽도 많이 운영된다. 이러한 클럽들을 먼저 살펴보고 아이가 좋아하는 종목을 선택하여 가입하면 된다.

운동에 흥미가 없는 여자아이
"친한 친구와 함께 운동하게 한다"

여자아이의 성향을 존중하기

여자아이들이 신체활동에 대한 흥미가 없는 것처럼 보이는 이유가 있다. 우선 여자아이들은 신체적 접촉을 꺼리는 경향이 강하다. 축구나 농구 등은 몸싸움을 기본으로 하기 때문에 여자아이들은 활동에 적극적이지 않다. 이것은 경쟁에 대한 남녀의 태도 차이와도 연관이 있다. 남자아이들은 맞대결 상황에서 반드시 이기고 상대를 뛰어넘는 것을 선호한다. 반면에 여자아이들은 서로 함께 활동하는 것에 관심을 둔다. 이기고 지는 것은 이차적이다. 통상적으로 여학생들이 더 높은 스포츠맨십 점수를 받는다.

또 여자아이들은 관심사가 다양해 운동에만 집중해서 몰두하지 않는 성향이 있다. 여자들이 남자들보다 멀티태스킹을 능숙히 수행해내는 것도 이런 성향 때문이다. 공운동이나 라켓운동은 물체를 다루기 때문에 체력과 기능이 요구되며 자주 훈련해야만 숙달이 된다. 한 가지에 몰두하는 성향이 운동의 학습에 도움이 되는 것이다. 그래서 이런 운동은 남자아이들에게 좀 더 유리한 편이다. 남자아이들은 한 가지 일에 집중하는 성향이 커서 해야 할 일을 다 미뤄두고 운동을 먼저 하곤 한다. 이와 달리 해야 할 과제들을 전체적으로 해내고자 하는 성향이 강한 여자아이들은 운동이 최우선순위가 아니다.

혼자서 하는 개인운동들 즉, 수영, 스키, 에어로빅, 요가, 필라테스 등의 종목들을 보라. 신체 접촉이 없는 배드민턴, 테니스, 탁구, 스쿼시, 라켓볼 등을 보라. 축구, 야구, 농구 등에 비해 여성 참여자 수가 월등히 많음을 알 수 있다. 운동을 할 수 있는 시간과 기회가 주어진다면 여자아이들도 주저하지 않고 적극적으로 참여한다.

여자아이들은 멤버와 분위기가 중요하다

여자아이들은 어떤 운동을 하느냐보다는 누구와, 어떤 분위기에서 운동하는가를 중요시하는 성향이 강하다. 그래서 운동을 할 때

평소 좋아하는 노래를 틀어준다거나, 친한 친구와 함께 배울 수 있는 환경을 만들어주는 것이 동기부여에 많은 영향을 미친다.

여자아이들이 구기운동이나 도전적인 스포츠를 좋아하지 않는다고 해서 아예 하지 못하게 한다면 더 문제가 될 수도 있다. 최근에는 스포츠 규칙을 살짝 바꾸는 등 맞춤식 운동 등을 통해 이러한 경쟁 종목들도 얼마든지 즐겁게 경험할 수 있다. 여자아이들도 이런 운동을 통해 전략적 사고를 기르고 타인과 협동하며 공정하게 경쟁하는 방법을 터득하게 해야 한다. 그 과정에서 숨겨진 적극성과 새로운 리더십을 발견하는 경우도 종종 있다. 스포츠는 자신의 자아를 발견할 수 있는 아주 좋은 교육 모형이다. 최근 여학생 체육 활성화 학교 현장에서는 여자아이들이 체육시간뿐만 아니라 쉬는 시간, 점심시간에도 운동을 하기 위해서 열심인 모습들을 볼 수 있다.

그러나 여자아이들 중 일부는 어릴 적부터 운동을 접할 기회가 적기 때문에 남자아이들보다 운동신경이 떨어짐에도 불구하고, 본인이 남자아이들보다 선천적으로 열등하다고 생각한다. 이런 잘못된 생각 때문에 운동을 기피하는 여자아이가 상당수다.

여기에 하나 더 한국 여자아이들이 독특한 문화적, 환경적 상황에 놓인 것도 한몫을 한다. 우리나라 문화상 유교적 사고방식이 아직까지 남아 있어 여자아이들에게 소극적이고 얌전한 모습을 기대하는 경향이 크다. 여자아이가 축구를 하고 싶다고 하면, 선머슴 같다거나 여성스럽지 못하다고 핀잔을 주는 경우가 많다. 또한 환경적으로도 아직까지 운동 공간이 열악하다. 운동장은 바닥이 주로 흙이거나 아스팔트이며, 체육관이 없는 학교가 대부분이다. 여자아이들로서는 운동을 적극적으로 하고 싶은 마음이 생길 수가 없는 것이다.

여자아이들의 신체적, 정서적 성향을 고려하는 한편, 문화적인 장애와 환경적인 장애를 모두 제거해주어야만 한다. 가정이나 학교에서 여자아이들이 운동에 참여할 때 긍정적인 반응을 보이는 것이 중요하다. 부모와 교사는 여자아이의 신체활동을 적극적으로 권하고 격려해주어야 한다. 운동 종류를 선택할 때도 승부를 결정짓는 종목, 타인과의 경쟁보다는 자세나 기록 도전이 중심인 종목, 건강미를 추구하는 종목 등 여자아이에게 적합한 운동을 제시하는 것이다.

지나친 다이어트가 목적이 되면 안 된다

여자아이가 운동에 흥미를 갖도록 하기 위해 주위에서 다이어트 효과를 지나치게 강조하는 경우가 있다. 여자아이들은 비교적 어릴 적부터 체형과 외모에 관심을 갖기 때문에 이를 이용해 운동을 하라고 동기부여를 하는 것이다. 그러나 이것은 장기적으로 매우 위험한 전략이다. 다이어트와 미용을 위한 운동은 단기적인 성취감을 줄 수 있을지 몰라도, 장기적으로는 운동 그 자체에 흥미를 느끼기보다는 수단화시키는 쪽으로 변질되어 스트레스를 받게 된다. 즉, 궁극적으로는 오히려 운동을 싫어하게 한다.

TV에서 나오는 여자 아이돌이나 연예인들은 보기에는 예쁠지 모르지만 의학적 기준에 의하면 대부분 비정상적인 체형이다. 각종 언론 매체들은 여자아이들에게 현재 나이와 체격에 비하여 지나치게 깡마른 몸매를 선망하게 하는 잘못된 신체 이미지를 심어준다. 그리고 운동에 대해 편협한 인식을 주입시킨다. 이미 이런 인식이 자리 잡힌 여자아이에게는 미용이 아닌 스포츠 자체에 흥미를 느끼도록 해주어야 한다. 외모에 신경을 쓰기보다는 운동 자체를 즐기고 몰입하는 경험을 해야 건강한 아이로 성장한다.

사춘기가 다가오면 여자아이들은 발육으로 인해 자신의 몸에 대해 위축된 자세를 취한다. 어깨를 앞으로 모으고 흉곽이 주저앉아 등이 굽거나 고개가 앞으로 빠지는 모습도 흔히 볼 수 있다. 이럴 때는 여자아이들에게 적절한 발달에 대한 교육과 몸을 사랑하게 하는 교육을 해야 한다. 실제로 바른 자세를 갖는 데 도움이 되는 수영이나 요가 등을 통해 자세를 잡고 자신감을 키워주어야 한다. 수영은 특히 유연성과 근력, 지구력 등의 기초 체력을 높이고 물에서 스스로 몸을 지켜낼 수 있다는 자신감을 키울 수 있어 여자아이들에게 특히 효과적이다.

또한 여자아이들이 운동을 시작한 이후에 관심을 기울여 주는 자세가 중요하다. 운동을 시작하면 심한 피로감, 긴장감을 느낄 수도 있으므로 아이의 감정을 세심하게 살펴주면 좋다. 또한 너무 조급하게 효과를 기대하기보다는 운동을 규칙적으로 할 수 있는 여건을 조성해주어야 한다. 부모나 친구들과 운동 경험을 나누면서 더 의미 있는 경험으로 만들어주는 것도 매우 효과적이다. 특히 경기에 졌거나 실수를 해서 마음의 상처를 받은 경우 부모나 교사의 적절한 위로가 필요하다.

활발함이 지나친 여자아이
"에너지를 마음껏 발산시켜준다"

장점을 긍정적으로 키워주기

활발한 성격의 여자아이를 차분하게 하는 데는 바둑이나 장기, 체스와 같은 정적인 활동이 도움이 된다. 꽤 긴 시간 동안 앉아서 차분히 경기에 임해야 하기 때문이다. 하지만 좀 더 활동적인 운동을 통해서도 도움을 받을 수 있다. 예를 들어, 요가, 필라테스, 무용, 댄스스포츠와 같이 표현을 위주로 하는 운동은 격렬한 신체활동에 초점을 두고 있지 않다. 이런 운동들은 활동적이긴 하되 신체 움직임이 과격하지 않아서 여자아이들에게 적합하다. 또한 감각과 동작에 중점을 두고 있어 성장기 여자아이들에게 아주 유용한 신체활동으로 인정받고 있다.

볼링, 골프, 사격이나 투호, 다트 같은 과녁형 운동은 신체의 활발한 활동보다 고도의 집중력을 필요로 하는 운동이다. 에너지를 모아 집중해야 하기 때문에 훈련 과정에서 자연스럽게 산만함이 해소될 수 있다. 축구나 농구, 태권도처럼 운동성이 매우 활발한 스포츠도 그 운동들의 기술을 배우는 과정은 때로 매우 정적이다. 기술을 배우고 연습하는 과정이 고도의 집중력을 필요로 하기 때문이다.

활발한 여자아이인 것이 문제일 수는 없다. 최근 심리학이나 교육학에서 유행하고 있는 유·청소년의 발달의 관점 중에 '전인적 청소년 육성 관점'이 있다. '긍정적 청소년 발달'로 불리기도 하는데, 이 관점은 유·청소년이 가진 문제점을 제거하기보다 오히려 그들이 가진 긍정적인 강점을 강화하는 것에 목적이 있다.

여자아이의 지나친 활발함을 다스리려면, 행동을 억제하기보다 오히려 에너지를 마음껏 발산할 수 있는 운동을 장려하는 것이 좋다. 운동은 내성적인 아이를 활발하게 만드는 데 도움이 된다. 반대로 외향적인 아이를 무엇인가에 몰입할 수 있도록 만들기도 한다.

무용을 배우고 싶은 여자아이
"아이에게 맞는 기관을 선택한다"

한국문화예술교육진흥원 지원 무용수업

한국문화예술교육진흥원은 전국의 초·중·고에 국악·연극·영화·무용·만화애니메이션·공예·사진·디자인 등 8개 분야에 예술강사를 파견한다. 이 지원사업은 많은 아이들이 정규 수업시간이나 창의적 체험활동, 동아리 활동 안에서 예술적 활동을 체험하는 기회를 주는 데 목적이 있다.

8개 분야 중 무용 수업에 대해 논해보자면, 실제 학교 수업에서 발레, 한국무용, 현대무용 등 주요 무용 장르를 체험할 수 있을 뿐만 아니라, 여러 나라의 민속춤과 무용문화 등을 배우는 과정으로 구성되

어 있다. 초등학교 저학년에서부터 고등학생에 이르기까지 단계별
로 세분화되어 있어 무용을 체계적으로 익힐 수 있다. 교과서 내용
과 연계된 교육 내용을 채택하고 있어 비전공자 대상의 무용수업 과
정으로는 가장 체계적이라 할 수 있다.

한국문화예술진흥원은 더 많은 학교에 예술(무용)활동을 지원하
기 위해 '예술중점학교', '예술교육선도학교', '중학교 예술동아리',
'예술꽃씨앗학교' 등 다양한 사업을 펼치고 있다. 이 안에서 학생들
이 누릴 수 있는 무용수업은 여타 다른 나라들보다 상당히 다양한
편이다.

한국문화예술교육진흥원은 학교 내 무용활동을 지원하는 것 이외
에도, 우리 사회 모든 세대가 문화예술을 체험할 수 있도록 사회문
화예술교육을 지원하고 있다. 그 예로 아동부터 노인에 이르기까지
모든 세대가 이용할 수 있는 지역 복지시설 지원 프로그램을 운영하
고 있다. 이런 프로그램들은 대부분 무료로 진행되고 있어, 수강생들
이 큰 부담감 없이 양질의 프로그램에 참여할 수 있다.

국립극장과 세종문화회관 제공 프로그램

국립극장에서 제공하는 어린이 예술학교 프로그램과 세종문화회

관에서 이루어지는 어린이 방학 문화예술교육 프로그램도 있다. 무용만 따로 운영되는 프로그램은 아니지만 통합문화예술교육의 형태로 무용을 포함한 연극, 판소리, 놀이 등 다양한 예술활동을 통합적으로 체험해 볼 수 있는 기회가 제공된다.

국립극장에서 열리는 어린이 예술학교 프로그램은 여름 방학, 겨울 방학 시즌을 활용하여 어린이와 청소년을 대상으로 통합문화예술교육 체험을 제공한다. 서울시 문화포털에서 문화나눔 사업의 일환으로 시행하고 있는 어린이 방학 문화예술교육 프로그램은 매년 6~8월 여름방학 기간에 서울시 전 지역의 초등학생 및 초등학교 교사를 대상으로 열린다.

무용단 및 부설 아카데미 프로그램

무용단에서 제공하는 프로그램은 무용수를 가까이에서 볼 수 있고, 다양한 형태의 무용 경험을 제공받을 수 있는 장점을 가진다. 국립현대무용단에서는 무용과 관련된 다양한 교육 프로그램을 제공하고 있는데, 인문학을 토대로 현대무용을 이해하는 다양한 예시와 방법을 제공한다. 초등학교와 청소년들을 대상으로 이루어지는 무용 프로그램을 활용하면 좋다.

조기교육이 중요한 발레의 경우 국내 무용단 부설 아카데미에서 제공하는 프로그램을 이용해 어렸을 때부터 체계적인 교육을 받을 수 있다. 대표적인 예로 국립발레단 산하 국립발레단 부설 발레아카데미와 유니버설발레단 산하 유니버설 발레아카데미가 있다. 국립발레단 부설 발레아카데미는 러시아 발레 메소드에 기초하여 전문적이고 체계적인 발레 교육을 지향하고 있다. 학생반, 성인반, 마스터클래스반으로 구분된 프로그램이 있다. 유니버설 발레아카데미는 정통 바가노바 교육방식을 토대로 단계별로 체계화된 교육을 실시한다. 유아에서부터 발레를 전공하고자 하는 학생, 취미활동으로 발레를 배우고자 하는 성인에 이르기까지 다양한 프로그램이 있다.

▶ **연령별 무용 교육 지원 기관**

단위	세부 내용		유아	초등	중등	고등
공공기관	극장	국립극장	X	O	X	X
		세종문화회관	X	O	X	X
	무용단 및 부설 아카데미	국립무용단	X	O	O	O
		국립발레단 부설 발레아카데미	X	O	O	O

파견업체 프로그램

유아 발레의 경우 다양한 파견업체들이 프로그램을 제공하고 있다. 전국 문화센터, 공공기관, 영어유치원, 놀이학교, 어린이집 등의 교육기관에 무용 전문 강사진을 파견하여 베이비 발레, 동화 발레, 영어 발레 등 키즈 프로그램들을 운영한다. 대표적인 예로 트윈클 발레, 줄리스 발레, 앨리스 발레가 있다.

무용학원

전공을 목적으로 보다 체계적인 무용교육을 받고 싶은 여자아이는 무용학원을 찾는 것이 바람직하다. 대부분의 국내 대학교 무용과가 한국무용, 발레, 현대무용으로 전공을 나누어 교육하기 때문에 사설학원도 한국무용, 발레, 현대무용으로 나누어서 수업한다. 학원에 따라 벨리댄스, 재즈댄스, 방송댄스 등 기타 장르의 무용을 가르치기도 한다. 대부분 취미반과 입시반으로 나누어 수업이 진행되는데 주로 입시반 수업 위주로 진행되는 편이다.

특정 장르만 특화된 사설학원도 있다. 대표적인 예로 바가노바 발레아카데미가 있다. 바가노바 발레아카데미는 러시아 바가노바 발레 학교의 메소드를 적용해 예비반부터 레벨6반까지 7단계 수준으로 분반하여 학생들에게 체계적인 발레교육을 제공한다.

꾸준히
운동할 수 있는
방법은?

아이의 신체적 특징과 성향에 맞는 운동을 찾았다면 꾸준히 지속해야 한다. 무엇이든 자연스럽게 몸에 배어 있어야 끝까지 할 수 있다. 운동이 아이에게 습관으로 자리 잡을 수 있게 하려면 어떻게 해야 할까? 아이에게 맞는 운동법인지 판단하는 법부터 하나씩 살펴보도록 하자.

아이에게 맞는 운동인지 판단하려면?
"함께 운동하면서 끊임없이 대화한다"

아이를 관찰하면 알 수 있다

운동을 하러 가기 전의 아이 표정과 기분을 살펴야 한다. 운동을 마치고 돌아와서 아이가 꺼내는 이야기를 들어보면 보다 정확하게 알 수 있다. 아이에게 맞는 운동인지 아닌지는 부모가 판단하는 것이 아니다. 아이와 가까이 지내면서 대화하다 보면 자연스럽게 알 수 있다. 그런데 아이와 운동에 관련된 대화를 충분히 갖고 있음에도 불구하고 계속해서 의심이 들 수도 있다.

여기에는 두 가지 이유가 있다. 첫째, 부모의 욕심이 지나치거나 둘째, 아이가 평소에 친구들과 만나서 어떻게 노는지, 무슨 놀이를 가장 좋아하는지 등에 대해 부모가 아직 잘 모르고 있기 때문이다.

부모는 그 운동이 아이에게 맞는 것인가 아닌가를 결정하려 하지 말고, 아이가 가장 행복하고 즐거워할 때가 언제인지를 파악해야 한다. 또한 아이가 운동을 하다가 가끔씩 힘들어하면, 아이 스스로 극복할 수 있도록 돕는 부모 나름의 지혜를 발휘해야 한다.

지도자를 만나면 알 수 있다

부모는 아이와는 물론 아이를 지도하는 지도자와의 대화를 자주 갖는 것이 좋다. 지도자는 그 종목의 전문가로서 운동과 관련한 것은 물론이고, 아이와의 오랜 접촉을 통해 부모가 모르는 아이의 여러 성향을 파악하고 있다. 운동을 시키는 부모는 자신의 아이만을 집중적으로 파악한다. 하지만 지도자는 비슷한 또래 수준의 아이들을 가르쳐 본 경험이 많기 때문에, 아이에 대해 가장 객관적이고 전문적으로 알고 있다. 따라서 부모는 신뢰를 바탕으로 지도자와 상호 의사소통을 이어나가는 것이 좋다.

운동을 아이와 함께 경험해보는 것이 좋다

　운동을 둘러싼 다양한 활동을 함께하다 보면 아이의 또 다른 재능을 발견할 수 있다. 축구를 예를 들면 실제로 공을 차는 것 이외에 축구 경기 관람, 축구 관련 책 읽기, 영화 보기 등을 아이와 함께해본다. 이 과정에서 아이가 축구에 대해 얼마나 흥미를 느끼는지 알 수 있다. 축구를 잘해야 한다는 강요 없이도, 아이들은 이러한 경험들을 통해 축구와 자연스럽게 가까워진다. 스스로 찾고 공부하게 된다. 따라서 부모는 아이의 운동 재능을 찾기 위한 다양한 환경을 경험해보도록 이끌어주어야 한다.

운동습관을 길러주고 싶다면?
"다양한 활동으로 흥미를 유발시킨다"

다양한 활동을 어려서부터 시키기

당연한 말이지만 습관은 어려서부터 들여야 오래간다. 그래야 멈추었다가 다시 시작할 때 수월하게 이어갈 수 있다. 스포츠센터나 태권도장, 주말스포츠 학원이 많은 우리나라는 스포츠 학습 비용이 다소 저렴하고, 어려서부터 다양한 운동체험을 할 수 있는 좋은 환경에 있다. 운동을 열심히 시키는 부모라면 아이가 10세까지 수영, 태권도, 스키 등 2~3가지를 기본적으로 한다. 강남에 거주하는 15명의 학부모에게 물어보았더니 총 17가지 종목을 하고 있다는 보고도 있다. 경제적 여유가 있는 부모들은 골프, 하키, 승마, 요트, 펜싱 등 상당한 비용이 드는 스포츠를 시키기도 한다.

운동을 좋아하는 아이라면 중학교 들어가기 전에 이미 5가지 이상 (수영, 보드, 인라인, 태권도, 축구, 농구 등)의 종목을 어느 정도 수준까지 할 수 있게 된다. 만일 아이가 운동을 좋아하지 않는다면 이것저것 다양한 활동을 조금씩 맛보게 해주자. 계절 종목만 하더라도, 여름에 수영과 스쿠버가 있고, 겨울에는 스키와 보드가 있다. 남자아이들은 봄과 가을에 축구와 농구를 즐겨 하고, 여자아이들은 에어로빅과 인라인스케이트를 좋아한다. 태권도는 도장에서 사시사철 할 수 있어 쉽게 즐길 수 있다.

중학생이 되면 여가 시간이 줄어들면서 좋아하는 운동만 골라서 하게 된다. 학기 중에는 거의 하지 못하고 주말이나 방학 중에 짬을 내어야만 가능한 경우가 대부분이다. 고등학교에 진학하면 정기적으로 운동을 할 수 있는 기회는 더 줄어든다. 다만, 중학교와 고등학교에서 최근 스포츠클럽이 활발하게 운영되고 있어 스포츠클럽에 적극적으로 참여하는 아이들은 정기적인 운동 기회를 가질 수 있다.

조기 체험으로 원천적인 흥미를 쌓아야 한다

자녀가 2~3세 때부터 운동선수로 만들고 싶은 부모는 거의 없을 것이다. 아이가 한 살 때 골프채를 들게 한 타이거 우즈의 아버지같은 부모도 가끔 있지만 말이다. 부모는 아이가 초등학생 때 운동을 이것저것 지속적으로 시켜보다가 어떤 종목에 아이의 재능이 엿보이거나, 아이가 좋아하면 그때부터 본격적으로 운동선수의 길을 고민하고 모색한다. 전자는 부모의 욕심으로, 후자는 자녀의 희망으로 선수의 길에 들어서는 것이다. 어떤 경우든 어렸을 때 운동에 대한 즐거움과 흥미를 마음껏 느낄 수 있게 해주어야 한다. 이를 위해 장기적인 계획을 마련해야만 한다.

취미로 운동을 시작하든 선수가 되기 위해서 지속하든, 초기 단계에서는 기능이나 체력보다는 순수한 즐거움과 기본 움직임을 중요시해야 한다. 어렸을 때 체험했던 때 묻지 않은 즐거움과 기본 동작들은 아이가 운동을 하면서 힘들고 어려운 순간이 오더라도, 그만두거나 싫증내지 않고 지속하는 원동력이 된다. 사정상 운동을 그만두더라도 나중에 다시 운동을 좋아하게 되는 본능이 된다. 오래 전 놓았던 야구 글러브를 다시 들고 축구공을 다시 꺼내 찬다. 그래서 운동은 어려서부터 습관을 들이는 게 좋다.

운동에 재능이 있는 아이를 성장시키는 방법은?

아이가 운동에 재능이 있다는 것을 알았다면 부모는 어떤 마음이 들까. 기쁨과 함께 두려움이 생길 것이다. 지금 있는 아이의 재능을 잘 키워주지 못하면 어쩌나 하는 걱정과 함께 말이다. 재능이 있는 아이는 특별한 관리와 지원을 받아야 한다. 구체적으로 어떤 기관과 프로그램이 있는지 알아두면 유익하게 활용할 수 있다.

재능이 있는 아이
"체계적인 영재 프로그램을 활용한다"

체육인재육성재단 산하 체육영재센터

2015년 현재 가장 체계적이고 장기적이며 교육적으로 신뢰할 수 있는 아동 스포츠 교육 및 훈련 장소는 체육인재육성재단의 후원 하에 진행되는 '체육영재센터'(이 가운데 시·도교육청의 심사를 거쳐 체육영재교육원으로 함께 인정받은 곳도 있다)라고 할 수 있다. 스포츠과학을 기반으로 초등학생 체육 분야 영재를 조기에 발굴한다. 아이들을 교육시켜 미래의 체육 리더로 성장하게 돕는 것을 목적으로 한다. 현재 전국 시·도에 17개 센터를 운영하고 있다. 기초 종목인 육상, 수영, 체조의 훈련 및 교육 프로그램을 제공한다.

매년 초 초등학교 2~6학년을 대상으로 국내에서 개발한 KOSTASS (체육영재발굴시스템)를 활용하여 700여 명 내외 아이들을 선발하고 있다. 대상자는 제한을 두지 않으며 선발 시 1년간 전액 국가에서 지원하는 보조금으로 거의 무상으로 교육을 받는다. 매년 초 새로운 선발과정을 거치며 전년도에 선발되었던 아이들도 재시험을 통해서 다시 선발되어야만 훈련받을 수 있다. 장기간에 걸쳐 주말과 방학 기간에 진행된다. 2009년 실시된 이후 학업과 큰 마찰 없이 공부와 운동을 함께 할 수 있는 프로그램으로 인정받았다.

대한축구협회 골든 에이지 프로그램

축구에 재능이 있는 아이들을 지원해주는 프로그램으로 대한축구협회에서 진행하고 있는 대한축구협회 골든 에이지 프로그램이 있다. 이 프로그램은 축구기술을 효과적으로 습득하는 11~15세를 골든 에이지로 설정하고, 각 시·도 축구협회와 연계하여 시·도 영재센터 – 권역영재센터 – 대한축구협회 영재센터의 3단계 훈련을 실시한다.

20개 시·도 영재센터(1,500명)에서는 1달에 2번, 연간 총 17~18회 개인기술 위주의 훈련을 진행한다. 여기서 우수한 선수를 선발하여 5개 권역영재센터(600명)에서 1년에 3회, 3박 4일간 인성 교육과 그룹 훈련, 부분 전술훈련 위주로 프로그램을 진행한다.

최종적으로 대한축구협회 영재센터(240명)에서는 1년에 2회, 방학 중 4박 5일간 팀 훈련과 선수들의 심리/영양/신체 관리 및 축구과학 연구를 통해 연령별 자료를 확보한다. 우수 선수들에 대한 데이터베이스를 구축하여 기본에 충실한 축구 영재를 발굴하려고 노력한다.

기타 종목들

다른 종목들의 경우 꿈나무 선수라는 제도를 활용하여 재능이 있는 아이들을 선발하고 있다. 꿈나무 선수는 전국 초등학생을 대상으로 체격, 체력, 경기력을 측정하고 심리검사 결과를 합산하여 위원회에서 선발한다. 2013년에는 18개 종목(육상, 수영, 체조, 빙상, 스키, 핸드볼, 탁구, 유도, 테니스, 하키, 배드민턴, 레슬링, 사격, 펜싱, 아이스하키, 바이애슬론, 컬링, 트라이애슬론)을 대상으로 총 693명의 꿈나무 선수를 선발하여 육성하였다.

선수로서 지원을 받고 싶은 아이
"공개테스트 등 선수 선발 제도를 활용한다"

테스트를 받기 전에 할 일

초등학교는 학교마다 방과 후 학교 축구교실이 대다수 개설되어 있다. 방과 후 학교에서는 저렴한 비용으로 축구선수 출신 또는 체육 전공 강사의 수업을 들을 수 있다. 재능을 테스트할 수 있는 기관을 찾아가기 전에 자녀가 축구를 얼마나 좋아하고, 또 어떤 포지션에 재능이 있는지 시간을 두고 관찰해보는 일이 우선이다. 방과 후 강사나 지도교사로부터 소질이 엿보인다는 의견을 듣게 된다면 그 다음에는 대학이나 전문 스포츠협회와 기관에서 실시하는 주말 축구프로그램에 참여해볼 것을 권장한다.

프로그램에 신청하고, 선발 또는 참여하는 과정에서 자녀의 재능에 대해 더 알아보는 기회를 가질 수 있다. 대부분 주말에 운영하는 프로그램이라 자녀가 축구하는 모습을 부모가 관찰할 수 있고, 수업 전후에 지도강사와 상담할 수 있다. 한 예로 서울교육대학교는 축구 영재교실을, 서울대학교는 운동발달교실에서 어린이축구교실을 운영하고 있다.

전문 기관에서도 꿈나무 선수 조기 발굴 육성을 목적으로 공개테스트를 하기도 한다. 프로축구팀에서는 유소년을 대상으로 공개 테스트와 훈련프로그램을 제공한다. 서울 이랜드 FC U-12,[17] 수원 삼성 U-12팀[18] 등에서는 미래 국가대표와 프로선수를 꿈꾸는 초등생을 대상으로 공개 테스트를 하고 있다. 이후 선발된 선수들에겐 프로팀의 유스 U-12팀에서 체계적인 훈련 프로그램이 제공된다. 인천 송도에 위치한 첼시 축구학교[19]도 연례 행사로 미취학 아동부터 중학생 연령까지 각 연령별 공개 테스트를 실시하고 있다.

국가에서 실시하는 선수 선발 제도 활용

아이가 운동에 소질을 갖고 있다고 판단되면 국가에서 실시하는 선수 선발 및 육성과정을 활용하는 것이 가장 좋다. 이 과정은 '꿈나무 선수 – 청소년 대표 – 후보 선수 – 국가대표'의 4단계로 구성되어 있다.

꿈나무 선수는 전국 초등학생을 대상으로 체격, 체력, 경기력을 측정하고 심리검사 결과를 합산하여 위원회에서 선발한다. 2013년(이하 동일)에는 18개 종목에서 693명을 선발하였다. 청소년 대표 선수는 중·고등학생을 대상으로 26개 종목에서 선발하였다. 전국 규모 대회, 전국대회 또는 국제대회에서 성적과 성장 가능성을 기초로 선발하며, 두 그룹 모두 동·하계 합숙훈련을 통해서 교육을 받는다.

후보 선수는 28개 종목에서 1300여 명이 선발된다. 후보 선수는 동·하계 합숙훈련 이외에 소속팀에 대한 재정적 지원도 함께 받는데, 특히 국외 전지훈련 참가도 가능하다. 국가대표 선수는 중점 지원 종목의 경우 출전 선수의 1.5~2배수로 선발하고, 아시아 경기대회 종목은 출전 인원 내에서 적정 수를 책정한다.

사설 스포츠클럽에 다니고 싶은 아이
"지도자의 자질을 우선적으로 살펴본다"

교사의 자질,
시설과 프로그램을 꼼꼼하게 살피기

먼저 다양한 사설 스포츠클럽에 대한 이해가 필요하다. 사설 스포츠클럽은 형태와 규모가 매우 다양하고, 놀이부터 댄스, 요가, 태권도, 축구, 농구 등 거의 모든 종목이 운영되고 있다. 이 중에서 특히 축구, 태권도, 수영 등의 종목은 수요가 많아 스포츠클럽이 활성화되어 있다. 축구는 축구교실, 축구클럽, 축구센터 등의 명칭으로 운영되는데, 선수 출신 지도자나 체육 전공생 등의 지도자가 가르치고 있다. 비용은 클럽별, 지역별, 횟수별로 상이하지만 대체로 10~20만원 정도를 회비로 받는다.

수영의 경우 지역사회에서 운영하는 체육시설에 실내수영장을 갖춘 경우가 많아졌으며, 대부분 영·유아부터 성인에 이르기까지 다양한 연령층을 대상으로 하는 프로그램을 운영하고 있다. 소규모(3~4명)나 개인 레슨을 하는 곳도 있다.

일반적으로 지역사회에서 가장 활성화되어 있는 사설 스포츠클럽은 태권도장이다. 태권도는 인성교육, 기초체력, 호신술 등을 주요 내용으로 하는데 유치원생부터 초·중생까지 다양한 연령의 학생들이 다니고 있다. 태권도장의 가장 큰 장점은 관장 이하 사범과 같은 지도자들이 국기원에서 인증을 받아 자질이 검증되었다는 점이다.

스포츠클럽은 종류가 다양하기 때문에 단정 지어 이야기할 수는 없지만 학교에서 이루어지는 운동 프로그램에 비해 비용 대비 효과가 좋다고 확언할 수는 없다. 학교에서 실시되는 프로그램은 지도자의 신분이 확실하고, 교육 경력이 비교적 풍부하다. 학교에서는 성문제와 폭력사고를 일으킨 사람을 지도자로 채용하지 않기 때문에 아이들을 믿고 맡길 수 있다는 장점이 있다. 사설 스포츠클럽에 비해 시설이나 장비가 노후하다는 단점이 있지만, 비용이 저렴하다.

하지만 아이가 좋아하는 종목을 학교에서 가르치지 않는다면 사설 스포츠클럽을 이용할 수밖에 없다. 따라서 사설 스포츠클럽을 이용할 때는 비교적 많은 비용을 지불하는 만큼 가르치는 사람이 누구인지, 프로그램 운영이 어떻게 진행되는지, 시설 및 장비·도구를 사용하는 데 추가 비용이 발생하지 않는지 등을 잘 따져보고 이용하는 게 좋다.

운동소양 기르기

운동소양이란 한 개인이 스포츠와 관련해 지닌 기술적, 지식적, 정서적 자질과 능력을 종합적으로 이르는 말이다. 운동을 어느 정도 하고, 알고, 느끼는지를 알아보는 자질이나 능력이라고도 할 수 있다.

세 가지 운동소양

운동소양의 측면에서 볼 때 아이들을 세 가지로 구분할 수 있다. 첫째, 기술이 뛰어나 운동을 잘하는 아이들이 있다. 운동을 하는 것과 관련 있는 자질과 능력, 즉 '능소양(能素養)'이 발달한 아이들이다. 능소양이란 아주 쉬운 수준에서부터 시작해서 어느 정도의 기량까지 올리는 소질을 말한다. 공을 온몸으로 능수능란하게 다루는 재주, 물고기처럼 물살을 가르며 빠르게 헤엄치는 능력 등 기술이 이에 해당한다. 선천적으로 타고나기도 하지만, 좋은 지도자와 기회가 주어지면 후천적으로 어느 정도 길러질 수 있다.

둘째, 운동에 대한 지식을 습득하는 데 뛰어난 아이들이 있다. 운동을 아는 것과 관련 있는 자질과 능력, 즉 '지소양(智素養)'을 갖춘 아이들이다. 지소양은 운동과 관련된 지식을 잘 알고 그것을 활용하여 분석하고 판단할 수 있는 소양이다. 예를 들어, 축구에 관한 전 세계 시합과 선수에 관한 정보, 축구의 역사와 대회에 관한 이해, 축구 감독의 철학 등이 이에 해당한다.

지소양이 있으면 스포츠에 관한 다양한 정보와 지식을 쉽게 얻을 수 있고, 수많은 시합과 대회를 관람하고 시청함으로써 선수와 감독, 그 종목과 스포츠 전반에 대한 나름대로의 식견을 가지게 된다. 이는 전적으로 후천적으로 길러진다.

셋째, 운동을 좋아하는 마음을 표현하는 데 뛰어난 아이들이 있다. 즉, '심소양(心素養)'을 갖춘 아이들이다. 심소양이란 운동에 대한 열정, 흥미, 애정 등을 말한다. 심소양이 있으면 시합을 관전하고 싶은 마음, 실시간 중계를 시청하고 싶은 마음 등 운동에 대한 모든 것에 호감을 갖고 좋아한다. 팀의 팬, 선수의 팬으로서 유니폼을 사고, 원정 응원이나 해외 응원을 가는 등 모든 일에 자발적으로 참여한다. 심소양 또한 후천적으로 길러진다.

아이마다 차이는 있지만 능소양, 지소양, 심소양은 후천적인 노력으로 습득할 수 있다. 이 세 가지를 균형 있게 길러줌으로써 아이의 운동 소양을 튼튼히 할 수 있다.

부모가 먼저 운동을 즐기는
삶을 살아야 한다

사람마다 입맛이 다르듯, 아이마다 운동의 맛을 즐기는 방식도 다
르다. 몸으로 하는 것은 운동을 체험하는 한 가지 방식에 불과하다.
운동은 오감으로 체험할 수 있다. 듣는 것, 보는 것, 맡는 것, 느끼는
것, 심지어 맛보는 것으로도 체험한다. 응원 소리를 듣고, 스치는 바
람을 느끼고, 흐르는 땀 냄새를 맡고, 땀을 맛보는 것까지 모든 활동
이 운동을 체험하는 것이다. 즐기는 방식은 다르지만 아이들이 운동
을 하는 이유는 하나다. 보다 인간다운 삶을 누리기 위해서다.

글을 읽을 수 있는 능력은 '리터러시(literacy)'라고 한다. 최근에는
글을 읽는 능력이라는 본래의 뜻을 넘어 어떤 분야에 대하여 전반적
으로 다양한 능력을 지니고 있을 때도 리터러시라는 표현을 사용한

다. '스포츠 리터러시(sport literacy)'는 스포츠 분야에 대한 전반적인 능력의 종합적 수준을 이야기한다.

운동을 인문적으로 할 때 스포츠 리터러시가 길러진다. '인문적'이란 말이 뜻하는 바는 무엇인가? '인문(人文)'은 '인간의 무늬', '인간의 문화' 혹은 '인간과 문화'라는 뜻으로 이해된다. 인간이 인간다워지려면 지녀야 하는 것들, 사람이 되기 위해서 습득해야 하는 것들 중에서도 가장 기본적인 것들이다. 사람됨, 인간됨의 기초를 쌓는 기본 토양을 이른다.

우리 아이들이 인간다운 풍성한 삶을 살기 위해 운동을 하는 것이라면, '인문적'으로 운동을 해야 한다. 인문적이란 문학적, 예술적, 역사적, 철학적, 종교적인 내용을 다루는 것을 말한다. 방식이나 특성의 차원에서 말하면, 인문적이란 사람의 본질적 특성에 보다 가까운 방식이다. 인문적 운동이란 문학, 예술, 역사, 철학, 종교 등의 관점에서 이해한 내용들을 운동에 접목시키는 것이라 할 수 있다.

보통 수영을 시작하면 자유형, 평영, 배영, 접영의 영법을 배운다. 이때 아이들에게 영법만을 가르치는 것을 뛰어넘어야 인문적인 운동이라 할 수 있다. 강물에서 수영했던 기억을 되살리는 시를 읽거나, 수영선수들을 다룬 영화를 보거나, 장거리 수영을 통해 깨달은 인생의 교훈을 담은 에세이를 읽거나, 물과 연관된 주제를 지닌 음악을 감상하면서 기술을 배우는 것 말이다.

아이가 인문적으로 운동을 해야 하는 구체적인 이유는 무엇일까? 바로 운동소양을 기르기 위해서다. 단순히 운동하는 것 이상, 운동을 입체적으로 느낄 수 있게 하기 위해서다.

스키를 예로 들어보자. 스키나 보드를 타면 높은 곳에서 빠른 속도로 미끄러져 내려가는 쾌감만을 느끼지는 않는다. 자신이 원하는 방식으로 기술을 발휘할 수 있게 되고 원하던 고난도 동작들을 성취해냈을 때의 기쁨도 맛본다. 하얀 설원에서 차가운 바람을 맞으며 자기만의 세계를 만끽하는 몰입의 즐거움도 느낄 수 있다. 그리고 이런 것들을 글이나 그림, 혹은 음악이나 춤으로 표현한 작품을 읽으며 공감하기도 한다. 모든 즐거움이 언어의 형태로만 표현될 수 있는 것은 아니다. 스키를 탈 때 느낀 어떤 감동은 그림이나 색깔, 그리고 소리나 동작으로 다시 표현될 수밖에 없다.

우리가 마치 시나 음악을 감상하면서 만든 이의 감정과 느낌을 공감해낼 수 있듯이, 스키나 보드를 타면서 느낀 감정을 표현한 스키 시나 보드 그림을 보고 마찬가지로 공감할 수 있다. 그리고 이것은 감상자 자신의 소양을 풍부하게 하며, 또 실제로 타는 방식이나 태도에도 영향을 미친다. 지소양과 심소양을 풍부하게 만듦으로써 능소양까지도 향상될 수 있다는 말이다.

유명 스키선수가 쓴 자서전을 읽거나, 종교적 관점에서 보드 타기를 설명하는 에세이를 탐독하거나, 산악스키가 가져다주는 철학적인 사색의 결과들을 적은 수상록을 살펴보는 것을 통해서 스키소양을 풍성하게 쌓을 수 있다. 이러한 소양이 무르익게 되면 스스로 글을 쓰거나, 그림을 그리거나, 춤을 추거나, 사진을 찍거나, 노래를 하며 자신의 스키 타기 체험을 다른 사람과 공유할 수 있게 된다.

스키 소양을 스키능(能), 스키지(知), 스키심(心)의 측면에서 골고루 쌓아나가게 된다. 능소양, 지소양, 심소양을 모두 갖춰나가며 몸과 머리와 가슴으로 스키를 즐기면서 자기 내면을 좀 더 알차게 영글도록 한다. 겨울에 스키 타기만을 기다리는 것이 아니라, 봄과 여름에는 스키를 내용으로 하는 다양한 문화행사들을 찾아가 볼 수 있다. 스키 사진전이나 스키 디자인전을 방문해보고 인터넷으로 스키선수의 기사나 스키정보를 수집할 수 있다.

여러 나라에서 나온 스키 시나 소설을 찾아서 읽어보고, 아이들을 위해서 눈과 관련된 설화, 신화, 동화에 대해서 찾아보는 것도 좋은 방법이다. 국내외 유명 스키장의 건축미에 대해서 나름대로의 안목을 키우고, 그곳 스키 코스의 난이도와 아름다움을 비교해볼 수도 있다. 그리고 가을이 오면 서서히 장비와 체력을 준비한다. 겨울에는 능지심을 동원하여 행복하고 심층적으로 스키를 즐길 수 있다.

이렇게 스키 하나만으로도 아이가 접할 수 있는 세계는 무궁무진하다.

아이는 때로 하기 힘든 운동을 왜 계속 반복해야 하는지, 어떤 태도로 운동에 임해야 하는지, 그리고 앞으로 무엇을 위해 살아가야 하는지 수많은 질문을 마주치게 된다. 공부를 할 때, 무엇인가 선택을 할 때, 인간관계 속에서 상처 받을 때도 마찬가지다.

그 과정 속에서 아이는 스스로 의미 있고 납득이 가는 이유와 철학이 생길 것이다. 아이는 운동을 하면서 '깊이' 있는 사람으로 성장하고 성숙한다. 인생의 답을 얻어간다. 운동이 인생의 축소판인 이유는 운동 안에서 모든 것을 경험할 수 있기 때문이다. 자기와의 싸움, 상대에 대한 배려, 결과에 대한 승복 등 여러 상황에 대처하는 힘이 길러진다.

    이 땅의 모든 아이들이 자기만의 방식으로 운동을 평생 즐기기를 소망한다. 몸도 마음도 영혼도 건강하고 아름답게 가꿀 줄 아는 사람으로 말이다. 무엇보다 자녀를 양육하는 부모들이 먼저 운동을 하면서 행복을 맛보고, 아이들과 함께 운동하는 삶을 생활화하기를 바란다.

후주

1) Ratey, J., Hagerman, E. (2007). spark. NY: Little Brown & Co. 이상헌 역(2009). 운동화 신은 뇌. 서울: 북섬.

2) 우민정(2010). 운동과 인지기능간의 관계: 뇌과학적 증거에 관한 문헌고찰. 한국 체육학회지, 49(2), 133-149.

3) Francois T. and Shephard J. (2010). Relationships of physical activity to brain health and the academic performance of schoolchildren, American Journal of Lifestyle Medicine, 4(2), 138-150. Tremblay, M. S., Inman, J. W. & Willms, J. D. (2000). The relationship between physical activity, self-esteem, and academic achievement in 12-year-old children. Pediatric Exercise Science, 12, 312-324. 등 참조.

4) Chomitz, V. R., Slining, M. M., McGowan, R. J., Mitchell, S. E., Dawson, G. F. and Hacker, K. A. (2009). Is there a relationship between physical fitness and academic achievement? Positive results from public school children in the Northeastern United States. Journal of School Health, 79(1), 30-37. Trudeau, F., & Shephard, R. (2008). Physical education, school physical activity, school sports and academic performance. International Journal of Behavioral Nutrition and Physical Activity, 5(10), 1-12. 등 참조.

5) Brian Kilmeade(2004). The games do count: America's best and brightest on the power of sports. NY: ReganBooks.

6) EY Women Sthletes Business Network & espnW(2014). Making the connection: Women, sport and leadership.

7) Center for Desease Control(2015). Youth physical activity: The role of families. 의 내용을 요약(www.cdc.gov/healthyschools/physicalactivity/toolkit/factsheet_pa_guidelines_families.pdf)

8) J Carson Smith et al. (2013). Effects of emotional exposure on State Anxiety

after acute exercise. Medicine and Science in Sports and Exercise, 45(2):372-8.

9) 박정준(2011). 통합적 스포츠맨십 교육프로그램의 개발과 적용. 미간행 박사학 위논문. 서울대학교 대학원.

10) 김기진과 안나영(2011). 아동의 성장호르몬 유전자 다형성에 따른 신체구성, 체력 및 혈중 성장지표와 농구운동효과의 비교. 한국발육발달회지, 19(1), 63-74.

11) 여남회와 박일봉(2003). 프리시즌 야구운동 트레이닝이 초등학생들의 성장과 호흡순환기능에 미치는 영향. 운동과학회지,12(3), 377-390.

12) 양일구 등(2014). 16주간의 태권도 수련이 비만 초등학생의 성장호르몬과 골 밀도에 미치는 영향. 대한구강안악면병리학회지, 38(6), 365-372.

13) Ziereis, S. & Jansen, P. (2015). Research in developmental disabilities: Effects of physical activity on executive function and motor performance in children with ADHS. Elsevier. doi10.1016/j.ridd.2014.12.005.

14) Anderson, R. E, Crespo, C. J., Bartlett, S. J., Cheskin, L. I, & Pratt, M.(1998). Relationship of physical activity and television watching with body weight and level of fitness among children: Third National Health and Nutrition.

15) 이호열(2009). 청소년의 스포츠 참여정도와 자아 존중감 및 인터넷 중독 성향 의 인과 관계. 한국사회체 육학회지, 36, 437-448.

16) 박경석(2010). 초등학생의 온라인 스포츠게임 참여와 자아효능감 및 체육내적 동기의 관계. 한국초등체육학회지, 16(1), 213-224. 염두승(2012). 초등학생들 의 e-스포츠 참여유형과 환경요인 및 장애요인

17) www.seoulelandfc.com

18) www.bluewings.kr

19) www.chelseafcsskr.com

현명한 부모는 운동부터 가르친다

초판 1쇄 2016년 4월 29일

지은이 | 최의창

발행인 | 이상언
제작책임 | 노재현
편집장 | 서금선
에디터 | 주은선
디자인 | 나무나무디자인
마케팅 | 오정일 김동현 김훈일 한아름

발행처 | 중앙일보플러스(주)
주소 | (04517) 서울시 중구 통일로 92 에이스타워 4층
등록 | 2007년 2월 13일 제2-4561호
판매 | (02) 6416-3917
제작 | (02) 6416-3898
홈페이지 | www.joongangbooks.co.kr
페이스북 | www.facebook.com/hellojbooks

© 최의창, 2016

ISBN 978-89-278-0751-3 03590